紫檀家具
鉴定与选购
从新手到行家

不需要长篇大论，只要你一看就懂

关 毅 著

U0305691

文化发展出版社

Cultural Development Press

本书要点速查导读

行家

FOREWORD 前 言

　　紫檀木是清式家具常用的高级用材，色泽多黑紫色，呈现亚洲犀角的颜色。面板料常见不规则的蟹爪纹理，棕眼十分细密；横截面年轮多为绞丝状。紫檀家具表面处理多采用光素工艺，在经过细致打磨后一般做烫蜡处理，经过刮擦蜡后更是光亮如漆。

　　中国关于紫檀木的记录，始于东汉末年，据晋代崔豹的《古今注》记载"紫旃木，出扶南，色紫，亦称之紫檀"。南宋的赵汝适在《诸蕃志》中写道："檀香出阇婆（爪哇），色黄者谓之黄檀，紫者谓之紫檀。"元末明初的陶宗仪在《南村辍耕录》一书中有记载："紫檀殿在大明寝殿西，制度如文思，皆以紫檀香木为之。"明代的专著，如《本草纲目》《大明一统论》《长物志》《格古要论》等都提到过紫檀木。清代的《南越笔记》中也有关于紫檀木的简单描述。我国近代著名的林业学家陈嵘在《中国树木分类学》一书中，把紫檀归纳为15类。由此可见，在历史上，紫檀的品种众多，产地也众多。紫檀无大的植株，极便于运输，正因如此，即便到了明末清初（包括闭关后），大量的紫檀木仍源源不断地汇集到广东和北京。

　　紫檀木家具制作开始于明代，兴盛于清代。出身于关外的清朝统治者们近乎疯狂地喜爱着紫檀木。紫檀木颜色较深，质地坚密。

曾经有这样的说法：紫檀木的"紫"含义为"紫气东来"，是大富大贵的意思。由于清朝统治者们恰好来自中国东北地区，所以十分喜爱紫檀木。而且，紫檀木原本就具有的凝重深沉的特征亦和清代统治者的心理需求相吻合。

紫檀木致密坚硬的特性和不喧不躁的深沉色泽这两点，就决定了紫檀木极易精雕细刻，匠师们可以凭借细腻的雕刻纹饰言语，有效地对其色泽过于沉闷单调的不足进行掩饰，从而将紫檀尊贵大气的内涵表现出来。这一点非常符合清统治阶级期望江山永固的心态。因此，在清代皇宫、行宫和苑囿的各个宫殿中，均摆放紫檀木家具。由此可见，清代紫檀木所居的地位很高，为"各类木材之冠"。

近年来，喜爱紫檀家具的人越来越多，紫檀家具收藏爱好者队伍越来越庞大，紫檀家具的收藏投资进入空前繁荣的阶段，但随之而来的紫檀家具的造假问题也越来越严重。造假给广大紫檀家具收藏爱好者造成了极大的损失。

为了紫檀家具收藏爱好者能够更加系统、更加直观地了解紫檀家具收藏与鉴赏的相关知识，在今后的紫檀家具收藏投资活动中不至于上当受骗，能够有更好的收获，我们经过精心策划，编辑出版了此书。全书详细介绍了什么是紫檀、紫檀的分类和特征、紫檀木材的辨别、紫檀家具的起源和发展、紫檀家具鉴赏、紫檀家具的价值评判、紫檀家具的投资技巧以及紫檀家具的保养要点等知识。全书从历代紫檀家具精品中精心筛选了近千幅精美的、有代表性的彩色图片，用优美的、简单实用的文字串联起来，以图文并茂的形式完美展现出来。全书资料翔实，内容丰富，是初学紫檀家具收藏者的入门必备指南，也是已入门者的良师益友。

本书在编辑过程中，参考和借鉴了国内外紫檀家具收藏与鉴赏方面的许多相关资料和成果，在本书即将付梓之际，特向各位先贤们表示诚挚的谢意！

编　者

CONTENTS 目 录

基础
入门

鉴定
技巧

淘宝
实战

专家
答疑

基础入门

JICHU RUMEN

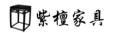

认识紫檀木

✳ 紫檀概述

　　紫檀，别名"青龙木"，为豆科紫檀属中极为硬重的一类树种的统称。

　　"紫檀"之名由来已久。早在远古时期，中国就把硬质木材称为"檀"。宋代的《太平御览》卷八百二十四记载："《国风·将仲子兮》曰：将仲子兮，无逾我园，无折我树檀。"其后有注解："檀，强韧之木。"宋元之际的马端临在《文献通考》卷一百五十八《兵考十》中记载："牧野洋洋，檀车煌煌。"其后有注解："檀，木之坚者。"

紫檀束腰雕西番莲纹六足带托泥凳（一对）　清代
直径35.6厘米　高47.6厘米

因此，古代所言之紫檀，就是指紫色的硬木。

据《太平御览》卷九百二十八的记载，紫檀出自于昆仑国："《南夷志》曰：昆仑国，正北去蛮界西洱河八十一日程。出象，及青木香、旃檀香、紫檀香、槟榔、琉璃、水精、蠡杯。"昆仑国在古代又被称为盘盘国，位于现今的马来半岛东岸，暹罗湾的不远处。

明代的李时珍在《本草纲目》卷三十四中记载："紫真檀出昆仑盘盘国，虽不生中华，人间遍有之。"《本草纲目》中将紫檀和白檀同作为香木，把二者放在"檀香"的条目之下："紫檀，诸溪峒出之。性坚，新者色红，旧者色紫，有蟹爪纹。新者以水浸之，可染物。真者揩壁上，色紫，故有紫檀名。近以真者，揩粉壁上，果紫，余木不然。"根据李时珍的记载，要辨别紫檀，有一个简单的方法，即取木块在白墙壁或白纸上划痕，若留下紫痕，即为紫檀。

紫檀配黄杨木五屏风攒边镶五彩花蝶纹瓷板围子罗汉床　清代
长176.2厘米　宽77.5厘米　高96.2厘米

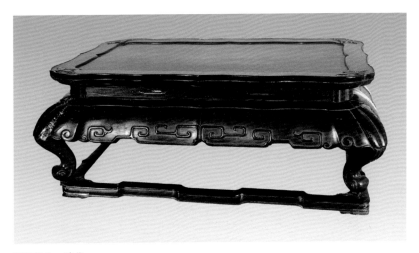

紫檀花几　清代
长51.7厘米　宽32厘米　高19厘米

据明代曹昭所著的《格古要论》卷下记载："紫檀木，出海南、广西、湖广。性坚。新者色红，旧者色紫。有蟹爪纹。新者以水揩之，色能染物。"此外，谢弗所著的《唐代的外来文明》中，也有紫檀能够提取颜色染物的说法。

我国现代关于紫檀及相关木种，有一些较为权威的定义，现引用如下。

据2000年版的《中华人民共和国国家标准——红木》记载："檀香紫檀（Pterocarpus Santalinus L.F.）。散孔材。生长轮不明显。心材新切面橘红色，久则转为深紫或黑紫，常带浅色和紫黑条纹；划痕明显；木屑水浸出液紫红色，有荧光。管孔在肉眼下几不得见；弦向直径平均92微米；数少至略少，每平方毫米3～14个。轴向薄壁组织在放大镜下明显，主为同心层式或略带波浪形的细线（宽1～2细胞），稀环管束状。木纤维壁厚，充满红色树胶和紫檀素。木射线

紫檀草龙纹琴桌　清代
长120厘米　宽50厘米　高83厘米

在放大镜下可见；波痕不明显；射线组织同形单列。香气无或很微弱；结构甚细至细；纹理交错，有的局部卷曲（有人借此称为牛毛纹紫檀）；气干密度每立方毫米 1.05 ～ 1.26 克。"这段文字的描述与医学专著和历史记载有不相符之处。

中国林业出版社于 2001 年出版的由周铁烽主编的《中国热带主要经济树木栽培技术》中有如下记载："印度紫檀。别名：紫檀、蔷薇木、青龙木、赤血树。学名：Pterocarpus indicus Willd。科名：蝶形花科 (Papilionaceae)。"印度紫檀是世界有名的紫檀属树种之一，菲律宾列为国树，其木材所制家具在中国王朝被视为权贵象征。

有人认为，印度紫檀就是花梨木，若是那样的话，就与赤血树以及中国王朝视为权贵的象征相差很远了。关于木种的争论，在古斯塔夫·艾克于 1944 年著的《中国花梨家具图考》中有明确的记载，但时至今日，这依旧是一个混沌不清的问题。

紫檀嵌瘿木小长几　清代
长66厘米　宽31.5厘米　高56.5厘米

紫檀拐枨方桌　清早期
长77厘米　宽77厘米　高79厘米

上海科学技术出版社于 1977 年出版的《中药大辞典》中记载："紫檀 (Pterocarpus indicus Willd)，又名榈木、花榈木、蔷薇木、羽叶檀、青龙木、黄柏木。"

古斯塔夫·艾克在所著的《中国花梨家具图考》中写道："所见到的紫檀木家具显示出一种很沉重、纹理致密，富有弹性和异常坚硬的木料，几乎没有花纹，经过打蜡、磨光和很多世纪的氧化，木的颜色已变成褐紫或黑紫，其完整无损的表面发出艳艳的缎子光泽。"

王世襄先生的《明式家具研究》《明式家具珍赏》《锦灰堆》等专著中有关于紫檀和蔷薇木的论述："紫檀很少有大料，与可生长成大树的 Pterocarpus santalinus（注：檀香紫檀）生态不符，而与学名为 Pterocarpus indicus 的蔷薇木相似。美国施赫弗（E.H.Schafer）曾对紫檀做过调查，认为中国从印度进口的紫檀是蔷薇木。看来我国所谓的紫檀不止一个树种，可以相信至少有一部分是蔷薇木。"

顾永琦在《紫檀之谜》一文中提到，紫檀和蔷薇木虽然有相似的地方，但并非同一木种。两者之间的最大区别为是否有紫檀素。紫檀含有极为丰富的紫檀素，无论是水泡还是水煮都不会溶出紫红色素，新鲜剖面皆呈紫红黑色，管孔内充满硅化物。而蔷薇木（牛毛纹紫檀）则含有丰富的橙黄色素，无论是新的还是旧的，用水一泡，即有橙黄色素溶出，绝对没有紫色素；新鲜剖面呈橘红色，S 状管孔内大多呈空置状，少有硅化物，有蔷薇花的香味。故宫博物院倦勤斋内的紫檀木炕罩的裙板已有数百年历史，其终年不见光的地方现在依旧呈较为鲜艳的红色，这就是蔷薇木的显著特征，这种艳丽的红色不会自然转变成黑紫色或褐紫色。

紫檀有束腰长方凳（一对）　清代
长70厘米　宽52厘米　高50厘米

　　一般而言，优质紫檀有如下特征：比重大；含油量高；有一定的出材率；呈紫黑色，色泽深沉。用印度出产的蔷薇木（牛毛纹紫檀）制作的家具，由于存在严重开裂、空洞等缺陷，所以修补极多。海岛性紫檀（又称犀牛角紫檀、檀香紫檀）磨光数月后，即产生紫黑深沉的缎子样光泽，此种现象是其他木种所罕有的。这是由紫檀本身所富含的油胶物质渗至表面形成透明的膜所产生的，这和艾克先生在书中描述的紫檀的状态一致。

紫檀嵌瘿木香几 清代
长29厘米 高16厘米

从实事求是和科学的角度来看，上面所提到的明代李时珍的《本草纲目》，上海科学技术出版社出版、江苏医学院编著的《中药大辞典》，古斯塔夫·艾克所著的《中国花梨家具图考》，顾永琦先生于1990年4月28日发表于《中国文物报》的《紫檀之谜》等诸多文献中所描述的紫檀，与实物的特征差异较小。其他文献中关于紫檀的记述则有诸多疑点，与真正的紫檀特征有太多矛盾之处。

民间为了将不同品种的紫檀区分开来，有小叶檀和大叶檀之说，但古今的文献中，尤其是较为权威的著作中，都未见到关于小叶檀和大叶檀的记载。

金星紫檀圈椅（一对）　明代
长100厘米　宽62厘米　高48厘米

✿ 紫檀木的特征

紫檀为常绿亚热带乔木，直径最大可达40厘米，高15～25米。单数羽状复叶；小叶7～9片，呈矩圆形，长6.5～11厘米，宽4～5厘米，先端渐尖，基部为圆形，无毛；托叶早落。腋生或顶生圆锥花序，花梗和序轴有黄色的短柔毛；小苞片早落；萼钟状，稍弯，萼齿5，呈宽三角形，有黄色的疏柔毛；花冠为黄色，花瓣的边缘皱褶，具长爪；雄蕊单体；子房具短柄，密生柔毛，呈黄色。荚果圆形，扁平，偏斜，具宽翅，翅宽达2厘米。种子1～2粒。

紫檀木是清式家具常用的高级用材，色泽多呈黑紫色，呈现亚洲

紫檀雕西番莲方案
长83厘米　宽83厘米　高84厘米

犀角的颜色。面板料常见不规则的蟹爪纹理，棕眼非常细密；横截面年轮多为绞丝状。紫檀家具表面雕刻多采用光素工艺，在经过细致打磨后一般做烫蜡处理，经过刮擦蜡后更是光亮如漆。

紫檀的树干扭曲，很少有平直的，空洞极多，故素有"十檀九空"的说法。紫檀的边材呈黄褐白色，心材呈橙红黄色，少有黑色花纹，有较为细密的布格纹（波痕），木质中含有极为丰富的橙黄色素，比重在1：1以上，纤维组织结构呈S状。管孔内细密弯曲，酷似牛毛，故被称为"牛毛纹紫檀"。

❋ 紫檀木的包浆

　　紫檀的木性稳定，制成的器物不易开裂，也不易变形，适合制作成家具或雕刻成工艺品。紫檀器物在被长时间使用之后，经过油腻和汗水的摩擦浸润，会产生"包浆"的质感。

　　包浆之所以形成，是因为长时间氧化所形成的氧化层，是紫檀内的油脂在紫檀制品表面形成的保护层。包浆是在长时间的岁月中形成的，因此紫檀的年代越久，包浆越厚，新做的紫檀制品是不会有包浆的。

紫檀镂雕藤纹鼓钉绣墩　清代
直径35.6厘米　高45.7厘米

包浆的光亮类似于用清漆罩过，却又不是用清漆抹出、用蜡打出来的，更为深邃精光，从而使得紫檀这种非玉的东西灵光四溢，呈现出玉石般的珠光宝气。此即藏家们所说的"包浆亮"。

许多人都认为，紫檀制品在被把玩了一段时间后，颜色发黑，就是"包浆"了。事实上，这种认识是错误的。紫檀包浆形成的过程极为漫长，而且包浆出来的颜色并不发黑，而是呈鲜艳的紫色，类似于玻璃材质，且形成于紫檀的表面。若紫檀的颜色发乌发黑，只能说明把玩者对紫檀疏于清理，从而使其表面形成了一层由汗渍和细菌构成的污染物，应当用柔软干净的布清理干净。

在把玩紫檀制品的过程中，要尽量多用柔软干净的布料，少用手，如果一定要用手的话，需要事先将手洗净。保持紫檀表面的干净，这是保护包浆的第一步，也是最基础的一步。此外，紫檀若保养不当，极易开裂，包浆就会被破坏。因此，一定要保持紫檀周围的恒定温度及湿度环境，避免其遭受日光的曝晒，避免汗水的污染。这些都是避免紫檀开裂的重要条件。再者，即便是足够细心，紫檀包浆也要经历一个极为漫长的过程，正所谓"守得云开见月明"，因此一定要有恒心。

紫檀木的密度

紫檀木学名檀香紫檀，俗称小叶紫檀，主产印度，在东南亚、巴基斯坦及老挝、越南及我国两广、云南也有少许分布。在各种硬木中最高等级的紫檀木的质地比较细密，木材的分量也最重。紫檀的密度一般都大于水，一旦入水，就会下沉。

小叶紫檀的气干密度最大为每立方厘米 1.26 克，换言之，小叶紫

直紫檀雕花香几　清代
长111厘米　宽42厘米　高84厘米

檀的单位重量是每立方米为 1260 千克。（紫檀木的心材与边皮，山地料与平原料，树干与树根部分比重均有所不同）。

❋ 紫檀的"红筋"和"红斑"

紫檀的"红筋"或"红斑"，指的是紫檀的"黑筋"或"黑斑"的最初形态，是已产生量变但尚未达到质变的过程。正是由于养分的极度匮乏、恶劣的地理环境以及大量紫檀素和沉淀物的堆积，导致紫檀木细密的棕眼被堵塞，引起了细胞的衰老甚至死亡，从而致使这部分细胞通常比周围的正常细胞密度更大，颜色更深，棕眼更少甚至完全没有棕眼，但此时还处在红色的状态，尚未形成"黑斑纹"，如果制成手串，就会出现红色的斑点状纹路。

紫檀矮老圆腿桌　清代
长105.4厘米　宽39.4厘米　高82.3厘米

❈ 紫檀木的用途

　　紫檀的颜色呈紫黑色，"紫"寓意祥瑞。例如，日常的"紫气东来"，原本指的是老子出关，函谷关关令尹喜见有紫气从东方而来，便知将有圣人驾临，便恭请老子写下了《道德经》一书。再如，故宫，原名紫禁城，缘于紫微星垣。

　　据记载，紫檀木"作冠子最妙"，指的是适用于做女人的头饰。《辞海》中将"冠子"释作"妇人冠也"。明代的冠服尚赤，紫檀的颜色发红，质地细密，故适合做精细雕刻，适宜做女人的头饰。

　　紫檀的数量稀少，木性优良。明清时期，紫檀木备受皇家推崇，大量用于制作家具、雕刻工艺品等，紫檀工艺达到从未有过的鼎盛阶

紫檀四出头官帽椅（一对）
长61厘米　宽48厘米　高108厘米
此官帽椅选用紫檀料，搭脑中间凸起，两端微向上弯曲，靠背板略微向后弯曲，上刻夔龙纹，下开亮角，座面藤屉，壶门券口牙子，下置直牙条，腿足外圆内方，四腿直下，腿间装步步高管脚枨。

段。明永乐年间，远洋航海家郑和下西洋，与海外进行经济和文化交流，将我国的瓷器和丝绸运至海外，并将紫檀木作为压舱之物运回我国。同时，朝廷还派官吏专门赶赴南洋采办紫檀木，以存储备用。明末清初，南洋各地的优质木材，特别是紫檀木，已基本被采伐殆尽。其中的绝大部分都被汇集至广州和北京。由于紫檀木的生长周期较长，数量稀少，所以存世的紫檀工艺品和家具便成为了稀世珍品，被收藏传世。

紫檀嵌瘿木几

长63厘米　宽28厘米　高35厘米

此几精选紫檀制成，镶嵌瘿子面。面下束腰、开炮仗洞，呈三联座，外四足翻回纹，内四足内翻马蹄，几身以变形夔龙纹与云头纹装饰，曲线优美和谐，整体与各部件之间比例关系恰到好处，雕饰细腻，线条明快流畅。

❀ 紫檀木的分类特征要素

在植物学上，蝶形花科内的紫檀属下包括约30种，下面略举几种：

檀香紫檀，是紫檀中最名贵的品种。心材大、新伐者呈浅橘红色，时间长了，就转为红葡萄酒带紫色，常具深或是深紫黑色条纹，具犀牛角一般的色泽；木材含紫檀素，溶于酒精或醚，不溶于水；木材煎汁显现出荧光现象，木材能够提取染料；具有消肿毒的功效，削片锯屑或是磨汁可供药用，常用于治疗毒疮。原产于泰国、马来西亚、印度迈索尔邦和越南等地，我国广州、台湾有栽培。

紫檀，气干密度在每立方厘米0.39克到每立方厘米1.26克之间，平均密度为每立方厘米0.64克，密度与生长条件有直接的关系，木材的密度越大，强度就越高，密度超过每立方厘米0.75克的，为高强度木材；超过每立方厘米 0.90 克的，为甚高强度木材。紫檀木的树瘤切面极其美丽，产于东南亚和印度等地。我国的台湾、福州、云南河口、南宁等地有栽培，生长良好。河口栽培的 6 株，已生长了 60 余年。

❖ 紫檀木的分类

在紫檀家具制作的具体实践以及紫檀木的商贸活动中，对紫檀木产生了一些分类方法，现介绍如下。

1. 根据紫檀木的材质、性状的差异分类

根据紫檀木的材质、性状的差异，可分为新紫檀和老紫檀。

新紫檀：呈暗红色、褐红色或深紫色，有不规则的蟹爪纹。放入水中会掉色，色素具有水溶性。心材呈红黄色，树小，空洞多，扭曲，剖面呈牛毛纹。

老紫檀：呈紫黑色，也有不规则的蟹爪纹。若浸入水中，不会掉色，色素不具水溶性，心材呈紫红色，树挺直，生长稍大，空洞较少。新鲜剖面并非紫色，而是接近橘色，时间久了，呈黑中带黄的颜色。

2. 根据紫檀木心材表面的颜色分类

根据心材表面的颜色，紫檀木可分为紫黑、深紫、猩红和紫黄。

紫黑：表面发黑，有犀牛角质一般的光泽。此种木材非常稀有，堪称紫檀木中的上品。

深紫：密度大，质地致密，油质感强，纹理极难见到，金星金丝密集。

猩红：颜色呈猩红色，少有金星金丝。油质感较差，密度稍低，在紫檀木中，属于较差的品种。

紫檀镶瘿木面三弯腿大香几

边长58.5厘米　高125.5厘米

此香几为紫檀料，尺寸极大。面起拦水线，内攒框镶瘿木，花纹绚烂。冰盘沿，高束腰，下设托腮。抱肩榫构造，壶门牙板上浮雕卷草纹饰，且与阳线相连直至腿足，为顾其牢，牙板内侧另打装榫头，使牙板与束腰嵌合更密。三弯腿曲线优美，底设万字纹花枨，卷叶足。

紫檀拱璧绳纹琴案　清代
高79厘米　长104厘米　宽48厘米

紫黄：少有空洞，密度接近每立方厘米1克，从端面上看，紫色圈和黄色圈相连，色差明显。锯成板材之后，浅黄色较明显。此类紫檀被木材商称作"缅甸大叶紫檀"，其价格比前三种紫檀木要低很多。

3. 根据紫檀木的纹理分类

根据纹理的不同，紫檀木可分为金星紫檀、花梨纹紫檀和鸡血紫檀。

金星紫檀：为紫檀中的上品。呈紫黑色，油质感极强，质地细腻，紫檀木的导管中充满了紫檀素及橘红色树胶。因此，若仔细观察局部或全身的棕眼，有肉眼可见的金丝金星，棕眼呈S形或绞丝状。

花梨纹紫檀：为紫檀中的中品。材色和木纹与花梨木相似，紫檀木的导管线较为弯曲，酷似螃蟹爬过的痕迹，故被工匠和收藏家称为"蟹

鸡血紫檀圈椅（一对）　　明代
长102厘米　宽60厘米　高48厘米

爪纹"，若经过长期存放或使用，导管线会呈现灰白色，形似极为卷曲的牛毛纹，故又名"牛毛纹紫檀"。

　　鸡血紫檀：为紫檀中的下品。木材的表面少有或没有纹理，也无金星紫檀的特征，材色呈暗紫色带红的鸡血色。边材附近常会有一块不规则的斑马纹，呈暗红色。

4. 根据木材的空与实分类

　　根据木材的空与实，可分为空心料和实心料。

5. 根据长度与特殊用途分类

　　按此分类，可分为多种，如紫檀工艺品、雕佛像或紫檀大器，均对紫檀有特殊的要求。

❖ 紫檀木的辨识要素

要鉴别紫檀木，可用对比法，通过手感和感官对比木纹来进行判断。人们根据多年的研究及实践经验，归纳出"五步紫檀鉴别法"。

第一步："看"。对照紫檀木的纹理特征，仔细观察。最好准备两三块不同纹理的正宗紫檀样板，反复比照着看，看得多了，就能学会如何识别紫檀纹理了。

第二步："掂"。将紫檀物件拿在手里掂一掂，一方面看其是否达到了紫檀木应该达到的重量；另一方面注意手感。通常来说，只要掂八百件紫檀物件，通过手感，即可分辨出紫檀木。这种手感只可意会，无法言传，只能靠多掂才能掌握。

第三步："闻"。用小刀刮木茬，仔细闻木屑的气味。檀香紫檀

紫檀扶手椅（一对）　清代
长56.5厘米　宽44.4厘米　高88.3厘米

通常有种淡淡的微香，若无香气或香味过浓，就有可能不是纯正的紫檀木。卢氏黑黄檀的气味较浓，有酸香味。

第四步："泡"。将紫檀的锯末或木屑泡入水中或白酒中。紫檀木屑在用水泡过后，浸出液呈紫红色，且有荧光。用酒精泡过之后，可用来染布，永不掉色。

第五步："敲"。用正宗的紫檀木块，最好是紫檀镇尺，轻轻对着紫檀物件敲击，若声音清脆悦耳，没有杂音，即为紫檀木。

要掌握上述五步紫檀鉴别法，需要有一个过程。若有行家指点，此过程可大大缩短。鉴别紫檀，可以说是有捷径的，也可以说是无捷径的。所谓有捷径，即勤看、勤掂、勤闻、勤泡、勤敲；所谓无捷径，就是说要扎扎实实地积累。

紫檀香几　清代
长31.5厘米　宽31.5厘米　高9厘米

❈ 紫檀木质的辨识

1. 与红酸枝的区别

红酸枝的颜色和木质与同为豆科蝶形花亚科但被列入紫檀属紫檀木类中的小叶紫檀极为相似，两者的"鬼脸"也非常相像，纹理年轮也都呈直丝状，但红酸枝的鬃眼比紫檀的更为凸显，显得更大。这两种木材的心材皆为紫红色，红酸枝心材更接近枣红色。而且，红酸木材的木纹中，常常在深红色中夹有黑色或深褐色的条纹，令人感到古色古香。此外，由于红酸枝饱含蜡质，只要稍微打磨擦蜡，整件作品就显得平整润滑，且光泽耐久，再加上特有的迷人芳香，给人一种淳厚自然的含蓄之美。

红酸枝的木质细腻、坚硬，可沉于水。

紫檀翘头案摆件
长64.5厘米　宽19厘米　高20厘米
此器取料紫檀，翘头案造型，工艺严谨精巧。案面攒框镶板，两侧翘头飞出，牙条、腿足沿边起线，牙头浮雕变体龙纹，腿外撇，腿间设挡板，透雕双龙纹。整器灵雅娟秀，韵味十足。

2. 与黑檀的区别

在区分黑檀和紫檀时，一定要牢记黑檀的以下特点。

材质和纹理：黑檀的心材呈黄紫褐色或黑褐色，有的近黑色或常带有黑色的条纹。

外皮：黑檀的外皮光滑。

光泽：黑檀深黑如漆，呈黑亮光泽。

油性：黑檀的油性大。

3. 与黑紫檀的区别

在区分黑紫檀和紫檀时，一定要牢记黑紫檀的以下特点。

材质和纹理：黑紫檀的心材呈暗褐色至咖啡色，略带有紫色，时间长了则呈黑褐色，有深浅相间的细条纹。另外，黑紫檀的边材容易被虫蛀，不耐腐。

外皮：黑紫檀的外皮呈深灰褐色，表面粗糙，有龟裂，不易剥离。

断面：黑紫檀的整个断面有辐射性的细裂，有时可见到环裂，裂宽在 1 ～ 3 毫米左右。

光泽：黑紫檀呈黑亮的光泽，深黑如漆。

油性：黑紫檀的油性差。

4. 区别紫檀和科特迪瓦紫檀

拿两个烧杯，各放入适量的白酒，把紫檀和科特迪瓦紫檀分别放入两个烧杯中，观察两者的反应。

烧杯中"呼"地一下快速升起浓浓的、紫红色烟雾的是紫檀，这是因为，紫檀中含有丰富的紫檀素，而紫檀素易溶于醚或酒精。

烧杯中缓缓升起橘红色的烟雾，且颜色较浅的是科特迪瓦紫檀。许多人还称其为"非洲小叶紫檀"。由于科檀并不是红木，长得又和紫檀非常接近，故极难区分，故很多人吃亏上当。科特迪瓦紫檀的价格和紫檀有天壤之别。

5. 小叶紫檀与卢氏黑黄檀的辨别

香味：小叶紫檀没有香味，或清香气微弱；卢氏黑黄檀有酸香味。

重量：小叶紫檀遇水下沉；卢氏黑黄檀多数沉于水，密度小于1克每立方厘米者则浮于水。

板面材色：小叶紫檀呈深紫红或紫红色；卢氏黑黄檀新开面呈橘红色，时间长了之后为深紫色，或底色呈乌咖啡色。

荧光反应：小叶紫檀有荧光；卢氏黑黄檀无荧光。

导管：小叶紫檀充满紫檀素和红色树胶；卢氏黑黄檀导管线色较深，与本色的对比大。

油质感：小叶紫檀油质感强；卢氏黑黄檀油质感强，密度小者油质感差。

纹理：小叶紫檀花纹较少，纹理直；卢氏黑黄檀花纹较为明显、局部卷曲。

❋ 紫檀植物的辨别

紫檀是世界上最贵重的木料品种之一，优质的紫檀由于数量不多，见者很少，故为世人所珍重。根据史料的记载，紫檀木主产于南洋群岛的热带地区，其次产于东南亚地区。我国广西、广东也产紫檀木，但数量较少。大批材料主要依靠进口。

紫檀为常绿亚乔木，高约五六丈，复叶，呈花蝶形，果实有翼，木质色赤，甚坚，一浸入水中即刻下沉。《中国树木分类学》中有关于紫檀的介绍："紫檀属豆科植物，约有十五种，产于我国的有两种，一为紫檀，一为蔷薇木。"根据现代植物学界的认识，蔷薇木实则印度所产的大果紫檀。它和传统意义上的紫檀木有很大的差别，人们不会将其当成紫檀木。在紫檀属的木材中，除印度南部迈索尔邦所产的被俗称为牛毛纹紫檀的檀香紫檀外，其余的皆被称为草花梨。蔷薇木仅是草花梨中的一个品种。无论是何种草花梨，其纹理、色彩、硬度都不同于传统认识的紫檀木，它虽然是属于紫檀属的植物，但和紫檀木相差甚远，无法与之相提并论。由此可知，王世襄先生在《明式家具珍赏》中提到的"美国施赫弗曾对紫檀作过调查，认为中国从印度进口的紫檀木是蔷薇木"的论点显然是不正确的。

紫檀回纹炕案　清乾隆
长90厘米　宽33厘米　高34厘米

紫檀家具的起源和发展

❋ 紫檀家具简介

　　紫檀家具是一种以紫檀为原料结合个性与艺术的古典精品家具。紫檀具有香、硬、纹理与色泽佳的特点，它是制作家具的顶级材料之一，用它制造出的紫檀家具在木质颜色、纹理，雕刻花纹、图案等方面具有别具一格的特点，这使得注重文物收藏和讲究家具装修艺术的中国人对其情有独钟。

紫檀鼓凳（一对）　清代
直径18厘米　高25厘米

　　紫檀有悠久的历史，据说中国古代使用紫檀始于东汉末期，而根据现有的文献，在中国古代宫廷中使用紫檀当始于唐代。明人李翊在《戒庵老人漫笔》中有记载："唐武后畜一白鹦鹉，名雪衣，性灵慧，能诵《心经》一卷。后爱之，贮以金笼，不离左右。一日戏曰：'能作偶求脱，当放出笼。'雪衣若喜跃状，须臾朗吟曰：'憔悴秋翎以秃衿，别来陇树岁时深。开笼若放雪衣女，常念南无观世音。'后喜，即为启笼。"后来，这只活泼可爱的白鹦鹉不幸死掉，武则天极度悲伤，特意命令工匠制作了一个小巧玲珑的紫檀木棺材，将其放入棺材中，葬在后苑里。由此可见，早在唐朝时期，能工巧匠们就已熟练地用紫檀木制作器物了。其物证则是日本正仓院所藏的一件紫檀嵌螺钿五弦琵琶，据专家考证，该琵琶为唐代遗物。在明清以前，由于紫檀木极为稀少，所以很难见到用紫檀木制作的大件家具。紫檀真正被制作成家具，应始于明代。

紫檀雕高士图插屏　清乾隆
长39.2厘米　宽34厘米　高16厘米

紫檀福庆有余四件柜 清乾隆
宽101厘米 深56厘米 高210厘米

从历史遗留的家具来看，明代确实有多种紫檀家具，如架格、官帽椅、罗汉床等，所以说，紫檀家具中有很多标准的明式家具。

清朝初期到中期，由于社会经济的繁荣发展，各国纷纷前来进贡。当时，缅甸翠、新疆玉，海中的砗磲、珊瑚、犀角、象牙，还有西洋的玻璃，全都汇集到宫中。镜子需要用一种色泽沉稳的木料来衬托，紫檀木由于其独特的属性而被帝王之家所看重。此时，西方正值法国路易十四、路易十五时期，巴洛克和洛可可风格的艺术大行其道，其影响遍及欧美各国。而中国正值清代康熙、雍正及乾隆前期，特别是康熙、雍正时期，正是清式家具的形成期，巴洛克的那种镶金嵌玉及精雕细琢的工艺风格，也对正处于发展中的清代宫廷家具产生了影响，这种工艺风格决定了家具选用的材料是质地坚好、纹理沉穆的紫檀木。再者，清代统治者的审美情趣也对紫檀木家具的发展起了决定性的作用。清朝时期，中国皇权达到登峰造极的程度，清代宫廷的规制繁多，礼法森严，清代帝王无论才智如何，大都安于守成，做事严谨，并极为重视琐事小节，和明代一些帝王的喜好玩乐、不务正业形成了极大的反差。而紫檀木色泽深沉、不喧不噪、稳重静穆的特性正好迎合了清代帝王的心理需求。因此，清代皇室格外看重紫檀木。在第一历史档案馆所珍藏的清代宫廷档案中，有许多关于清宫内务府造办处为皇家制作紫檀木家具的记载。

清宫紫檀木家具，除造办处制作的之外，还有许多是各地督抚进贡的。这些紫檀家具的品类繁多，大至桌案、宝座，小至屏风、炕几，无所不有。例如，根据史料记载，乾隆三十六年（1771）六月二十六日，两江总督高晋进贡紫檀炕桌成对、紫檀条案成对、紫檀香几成对、紫檀万卷书炕几成对。

现今，在故宫博物院内，还保留着数量可观的紫檀家具，这些家具无一不是制作精美，工艺手法极高。

紫檀鲤鱼跃龙门纹梳妆台　清代
长85厘米　宽42厘米　高125厘米

❈ 紫檀家具发展的四个阶段

1.16 世纪末至 17 世纪中叶

紫檀家具或硬木家具的批量出现应在 16 世纪末至 17 世纪中叶。关于这一结论，除了史料以外，万历年后留下的紫檀家具在上海博物馆、故宫博物院及英国、美国等国的大博物馆有不少实物为证。这一阶段的紫檀家具以简约流畅、光洁素雅、讲究线条艺术为主，少有装饰，充分展示了紫檀自身如玉之润泽、如丝之纹理的物点。

紫檀条桌
长90厘米　宽41厘米　高85厘米
此条桌为紫檀木制，桌面攒框镶板，桌面边缘起阳线。高束腰打洼浮雕如意纹饰。方腿直足，四腿间施直枨起阳线。条桌线条简洁美观。

紫檀六扇隔扇　清乾隆
宽332厘米　高252厘米

2.17 世纪中叶至 18 世纪末

17 世纪中叶至 18 世纪末（即康、雍、乾三朝），这一时期为紫檀家具发展的巅峰期。据雍正、乾隆时期造办处的档案记录可知，紫檀家具的分量最大，而且内檐装饰、小件器物均用紫檀制作。

这一时期国力强盛、人才济济、紫檀来源充足，这些为制作精美的紫檀家具创造了充足的条件。现在我们所能见到的优秀的紫檀家具，大多源于这一时期。这一时期的紫檀家具分为两部分：一部分保持明式紫檀家具的风格与工艺，或改动局部但风骨未变；而到了雍正、乾隆时期，尤其是乾隆时期的紫檀家具已然脱胎换骨，这个时期注重家具的装饰，极尽繁复、华丽而工艺精湛，令人叫绝，"乾隆工"就是乾隆时期高超工艺的代名词。

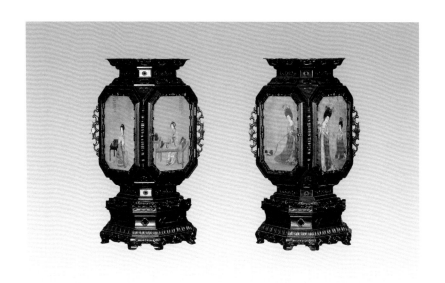

紫檀四方宫灯（一对）　清代
宽26厘米　高56厘米

3.19 世纪初至 20 世纪 80 年代

　　自嘉庆开始，国力开始衰退，内忧外患打破了清王朝统治的正常秩序，礼崩乐坏，乱象丛生。直至民国，社会一直处于战祸不断、动荡不安之中，很少有人顾及传统文化与艺术的传承。作为传统文化一部分的紫檀家具，在很大程度上遭到任意曲解或毁弃，紫檀进口处于停滞状态，以至于有些专家认为紫檀已经绝迹，而且这一时期制作的紫檀家具多数已与传统的明式、清式家具渐行渐远，风格变得不伦不类。

　　1949 年到 20 世纪 80 年代，紫檀进口数量几乎为零，多数人不知紫檀为何物。这一时期也是紫檀家具近乎灭绝的时期，外国文物贩子将大量紫檀家具整件或拆卸运往国外。特别是 20 世纪 50 年代及"文化大革命"时期，大量的紫檀良器被毁坏。紧随其后的几次大的文物走私，使许多优秀的紫檀艺术品流到了美国及欧洲国家。

当然，我们也不能说 19 世纪初至 20 世纪 80 年代一件好的紫檀家具也没有，还是有一些精美的明式或清式紫檀艺术品。也有一批国内外学者对明式家具、清式家具做了卓有成效的研究与记录，薪火相传不至于今天见不到紫檀家具的文字资料、图片与实物，而难以追溯至尊的紫檀家具及其历史与文化。

紫檀刻花卉磬架　清乾隆
高69厘米　直径12厘米

4.20 世纪 90 年代初至今

20 世纪 90 年代初期，缅甸商人开始从印度东北部与缅甸西北部接壤处走私紫檀至云南盈江、腾冲、瑞丽，在边境存放一两年也无人问津，价格仅为每吨 8000 元左右。

随着中国经济的快速发展，国内开始出现收藏热，家具收藏中以收藏紫檀家具为首选，中国的紫檀家具在中国香港和美国的拍卖市场上屡创佳绩，这激起了国人对紫檀家具的追求。除了从古董商人、拍卖市场及民间获得紫檀家具外，一些人开始仿制明式、清式紫檀家具。

紫檀嵌鸡翅木雕龙纹小柜（一对）　清乾隆
长62厘米　宽30厘米　高83厘米

紫檀圆桌
直径75厘米　高82厘米
两个半圆桌构成完整圆形，方便不同场合灵活使用，通体紫檀制。桌面用弧形木栲榫接成月牙形，镶装木板面心，有束腰，牙条呈弧形外撇，浮雕卷草纹，边起阳线，与腿部阳线交圈。腿牙采用插肩榫结构相连，腿上部雕如意云纹，卷叶式足，下踩托泥。

随着旧的紫檀家具资源的急剧减少，仿制明式或清式紫檀家具的热潮至今未退。

这一时期的紫檀家具的发展特点如下。

（1）数量庞大，发展迅速

据称，仅北京及其周围地区，制作硬木家具的作坊或工厂就有3000家左右。全国的红木之乡、区已有几个，最有名的为河北大城，福建仙游及广东台山、中山地区。紫檀的进口从每年100吨左右上升

48

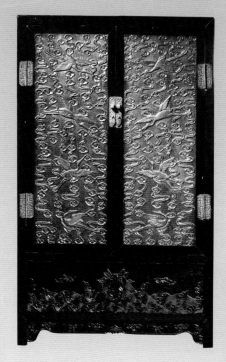

御制紫檀楠木仙鹤灵芝云纹炕柜（一对） 清乾隆

长50厘米　宽27厘米　高81.5厘米

到现在的 2000 吨左右,几乎全部为走私。各种紫檀家具遍布北京、广州、上海等几大主要消费城市。

(2)精品少,创新多

由于大多数从业者的文化程度不高,因此这时期的紫檀家具缺少深厚的传统文化底蕴,趋利性较强。一般人都是根据已有的图片制作,没有设计图纸、没有造型且比例失调、纹饰不符,能正确理解并合理采用榫卯结构的非常少。很少有用传统工艺的,多数是用机器代替手工,用石蜡或鞋油代替天然蜡,用化学胶代替动物胶。

紫檀雕吉庆有余描金山水人物多宝槅(一对)　清乾隆

长111厘米　宽42.9厘米　高198厘米

也有不少人开始尝试紫檀家具的创新，也有人公开用自己的姓或名来称"某式家具"。但多数人是在明式或清式家具的基础上改了一下，难以归入什么式样。有的则自创款式，完全脱离了传统。

（3）功利性强

除了在比例、造型、结构及工艺上反传统外，一部分人所用的木材也公开造假。如将产于非洲的卢氏黑黄檀冒充所谓的"犀牛角紫檀""老紫檀"。也有人用老红木、非洲产黄檀属或柿属木材（如东非黑黄檀）、紫檀人工林来替代明清时期所使用的紫檀。这种现象已愈演愈烈、层出不穷。

紫檀嵌玉山水人物诗文座屏　清乾隆
长38厘米　宽19厘米　高50厘米

紫檀螭龙纹多宝槅（一对）　清乾隆
长118.5厘米　宽49厘米　高155厘米

（4）流失严重

多数真正制作于明朝或清朝的艺术品继续流向国外，而被外国大博物馆及大收藏家珍藏。

2003 年以后，随着中国文物回流热，也有少部分紫檀艺术品回流到中国市场，进入拍卖行或私人收藏家手里。在中国拍卖市场上，紫檀艺术品很少有大件，价格也比黄花梨艺术品低，一反五百年来紫檀艺术品在人们偏好和价格方面一直领先于黄花梨的格局。

紫檀方桌　民国
长75厘米　宽75厘米　高73厘米
此方桌通体由紫檀木制作，桌面攒框镶板，有束腰开炮仗洞，牙条镂雕拐子花草纹饰，牙头以拐子纹装饰。直腿内翻拐子纹足。桌子装饰优美大方，色泽沉稳高贵，雕工精致，保存完好。

❀ 明代和清代紫檀家具

1. 明代紫檀家具

14 世纪中叶至 17 世纪中叶，属于明朝时期。从明代中期开始，商业得以迅速发展，至明代晚期，商业前所未有地活跃。明代中国的人口大幅度增长，并形成了全国性和地区性的商业网络。商品出口把大量白银从国外市场吸引至中国市场。明早期的工匠实行"住坐"与"轮班"制，这种制度不仅限制了工匠的人身自由，还使得他们无法积极

紫檀嵌掐丝珐琅人物插屏　明代
宽48.5厘米　高35厘米

主动地发挥创造性。明嘉靖四十一年（1562），全国工匠制度发生变化，以缴银代替服役，工匠制作的产品可以自由出售。商业的繁荣极大地促进了家具制造业的发展，家具制作在造型上、技艺上均有了飞跃性的发展。这一阶段被誉为中国家具史上的"黄金时代"。

明代出现的"木匠皇帝"也无疑推动了明代家具业的发展。据《甲申朝事小记》记载，天启帝朱由校制造的梳匣、砚床、漆器等器具极为精巧，特别是在雕刻上见功夫，制品施以五彩，精致独特。无论是制作器具还是建造宫殿，朱由校都要求严格，精益求精，每制成一件

紫檀木三弯腿霸王枨带托泥圆凳　明晚期
直径38.5厘米　高57厘米

紫檀带翘头条桌　明晚期
长194厘米　宽53厘米　高90厘米

作品后，首先是欣喜若狂，后又极不满意，弃之再做，做之再弃，乐
此不疲。朱由校制作了许多精美的器物，有时，做好器物后，他就让
宦官拿着到集市上去出售。有一次，朱由校制作了护灯小屏八幅，雕
刻了"寒雀争梅戏"，便让太监拿着这两种制品到市场上去卖，得钱
一万，龙心大悦。

　　明式紫檀家具主要采用木结构，造型简洁、淳朴、秀丽，线条流畅。
明式家具以圆弧与圆为主体造型，即使是对于方截面，也采用"削圆"
的手法处理，平添浑厚与古朴的感觉。明代紫檀家具还确立了以"脚"
为主要形式语言的造型手法，给人以清新、古朴之感。

我国的古代工匠在榫卯结构方面的造诣得到了全世界的公认。明代的匠师们设计出了各种各样的极为精巧的榫卯。明式家具的构件之间很少使用金属钉子，鳔胶也只作为辅助的用料，仅凭榫卯就可以使家具的各个部件之间合理连接，结构坚固，从而令维修和拆装都极为方便。经过数百年的变迁，传世的明代家具依旧无比牢固。由此可见，明式家具的榫卯结构不仅具有美观性，更具有极高的科学性。这种精确度极高的工艺体现了先人的智慧。

多数明代紫檀家具注重造型的整体协调、局部之间的比例关系，部件的长短、高低、宽窄、粗细皆因匀称而协调，因平衡而产生美感。在线条的运用上，明式家具多使用极为流畅的直线和曲线，两者搭配，展示了刚柔并济的表现技巧。

繁简适度的装饰，是明式紫檀的另一大特点。在明式紫檀家具中，很少能见到装饰烦琐的作品，尽管当时的装饰手法多种多样。这些明式家具在制作时，根据整体的要求，进行恰到好处的局部装饰，或镂、或嵌，不曲意雕琢。因此，明式家具保持了空灵清秀的整体风格。

我们今日所见到的明式家具，紫檀的数量显然比黄花梨的要少很多。王世襄先生所著的《明式家具珍赏》一书中所展示的也多为黄花梨家具。其原因可能有两个：其一，当时紫檀木材数量较少，价格非常昂贵，只有皇家贵族能够拥有；其二，当时刚从国外进口的大量紫檀木大多为新鲜原材，比较潮湿，需要存放很长的一段时间，待木材自然风干之后才能做家具。留存至今的明式紫檀家具较为稀少，因此，在级别较高的拍卖会上，明式紫檀家具总是以天价拍出。

2. 清代紫檀家具

传世的清代紫檀家具要比明代的多很多，其主要原因是清代宫廷对紫檀的使用实行了垄断制度，从而在客观上造成了清初宫廷中紫檀原材的富足，再加上清廷对紫檀的极力推崇，从而造就了清代紫檀家具的辉煌。

清前期，用来制作紫檀器物的原材多为明末的库存。与此同时，清政府把紫檀作为宫廷家具的首选用材，还派人到各地督办，把紫檀一一收归宫廷。到了清朝末年，紫檀的数量急剧减少，从而使紫檀变得更为珍贵。清廷格外珍视紫檀，严格控制紫檀的使用，并采取了一系列的保护措施。对此，清宫的档案中有明确的记载。关于清宫中所

紫檀小提箱　清代
长38厘米　宽23.5厘米　高41厘米
取珍贵紫檀木制成，木质坚硬细腻，色泽沉稳优美。打开箱盖，箱内有大小不一的抽屉九个，工艺精湛，装铜制双鱼形吊牌，错落有致，整体造型古朴雅致。

存的紫檀余料，一种说法是慈禧太后六十大寿时全数用尽，另一种说法是袁世凯称帝时用尽。

清朝时期，民间几乎没有紫檀木货源，即使有能力承担制作紫檀家具的高额费用，也没有渠道获得紫檀木材。因此，清代紫檀家具风格即皇室家具的风格。

从风格特点上看，清式家具大致可概括为以下三个阶段。

第一阶段：清前期，"明风依旧"。康熙之前的紫檀家具，大都保留着明式风格，以至于现已不易判断出其制作的确切年代。当时的紫檀木尚不短缺，大部分家具都是用紫檀木制成的。苏制风格由于其明式特征而享誉中外，但其制作也相对较为保守，已渐渐无法满足社

紫檀嵌大理石长方几（一对）　清代
长43厘米　宽26厘米　高79厘米

紫檀嵌端石小几　清代
长38.5厘米　宽30厘米　高20.2厘米

会时尚和统治阶层的需要，这就在客观上要求新式的家具取而代之。

　　第二阶段：清中期，"清风尚丽"。雍正时，皇帝加强了集权，经济的繁荣发展为家具业的兴盛提供了有利条件。雍正在位时期，造办处为皇宫承制了许多紫檀家具，都是精品。许多贵族文人甚至连皇帝本人也都参与了紫檀家具的设计。此时是紫檀家具创作活跃的重要时期，出现了许多制作紫檀家具的高手。当今，一些传世的清代紫檀家具，用料精选，结构考究，装饰华美，做工精细，富于变化，风格简洁，毫不烦琐，是清时艺术价值最高的作品。乾隆时期的家具特别是宫廷家具，在工艺与用料上已非同一般，达到了无以复加的境界，且着重于创作与各种工艺品如玉石、宝石、金、银、象牙、珊瑚、珐

紫檀嵌瘿子木如意纹香几　清乾隆
直径38.5厘米　高52厘米

琅器、百宝镶嵌等相结合的家具。根据史料记载，乾隆皇帝非常喜爱且重视紫檀，就如同其醉心于所有艺术品和古董一样，他积极地参与了造办处的家具设计、制作、修复等工作。此时，宫中的紫檀家具的制作深受其审美观点的影响，每件家具都留下了其思想和情趣的烙印。

第三阶段：清末，"难拾清风"。乾隆后期，对紫檀家具的追求走向了极端，变得过于奢靡，在家具上增加了过多的非功能性的装饰部件，显得累赘烦琐。

清代紫檀家具发展的不同的阶段，折射出当时社会经济、政治背景及清上层社会的思想特征。

在造型艺术的风格方面，清式家具与明式家具截然不同。清式家具的风格以豪华烦琐为主，其骨架浑厚、坚实，题材创新多变，方直造型多于明代的曲圆设计。有时整体光素坚实，局部则加以细腻雕刻，式样、品相均与前人所设计的有较大的差异。同时，紫檀家具在外形上大胆创新，化简素为雍贵，变肃穆为流畅。而明式家具受明代人文环境的影响，在设计装饰风格上崇尚意境。清中后期，家具重形式而轻功能，是由于清廷文化的强制造成的。

从清乾隆朝开始，紫檀家具受外来文化的影响颇多，受影响最为明显的是颐和园里的紫檀家具。当时的工匠把欧洲洛可可及新古典样式的装饰元素直接加到中式结构和造型的紫檀家具上，从而形成了极为奇异的中西合璧的家具样式。

到了清朝末年，紫檀木已极为奇缺，但清宫廷对紫檀的奢侈追求依旧不改，在紫檀家具的制作中一直沿用广式做法，致使材料耗费殆尽。之后，经过火烧圆明园以及多次动乱的洗劫，清式紫檀家具多数被毁，留存于世的极少。正因如此，清代紫檀家具在国际市场上具有独特的地位。

宫廷御用紫檀雕瑞兽龙纹六方几　清乾隆
宽32厘米　高16.5厘米

紫檀家具鉴赏

❋ 紫檀家具的鉴赏特征

1. 寸檀寸金的珍贵性

紫檀的生长速度缓慢，成材稀少，民间素有"十檀九空，百年寸檀"之说。紫檀木的质色华美，切面初为紫红色，久置则呈紫黑色，纹理中夹杂着黑色的条纹，富有变化，极为美观。紫檀木的木质厚重、坚硬、细腻，结构均匀，耐腐性强，是一种极其稀少的高档工艺品和家具用材。

因为紫檀非常稀少，在我国古时，紫檀就被视为非常珍贵的木材，人们多用它制作高级家具、乐器、车舆及其他小型器物。关于紫檀木用于器物制作的记载，早在东汉时期就有，但用紫檀制作器物的繁盛期出现在明清时期。明代，紫檀木深受皇室的宠爱，宫廷采办、储存了大量的紫檀木。清早期，明代的库存用于宫廷器物、家具的制作。清中期之后，由于库存减少、货源中断，紫檀家具制作的数量骤减，并出现了以红木作为替代品的家具。

2. 亦光素、亦雕琢的工艺美

《诗经·魏风·伐檀》载："坎坎伐檀兮，置之河之干兮。"春秋时期，我国出现了与檀木有关的记事，唐代开始出现了紫檀家具。目前我们所见到的古典紫檀家具，基本上都是在明清时期制作的。

明代制作紫檀家具，多充分利用紫檀的自然特点，展示其天然之美，通常采用光素手法，很少有满身雕琢的。家具在经过上蜡打磨之后，会显现出黝黑古朴、温润如玉的质感。在有些情况下，如为了达到锦上添花的效果或利用了小块木材，也会使用雕工。

紫檀屏风式扶手椅及花几　清中期
椅：长51.5厘米　宽41.5厘米　高79.5厘米
几：长41.5厘米　宽25.8厘米　高79.5厘米

紫檀雕西洋花架几案　清代

长326厘米　宽45厘米　高91厘米

此架几案为紫檀木质，案面边缘雕卷草纹，架儿则由一具抽屉界出上下两个四面开敞的小格，均镶装拐子纹圈口，抽屉面板浮雕拐子龙纹间寿字，造型典雅。

紫檀雕花扶手椅、茶几（三件套）

椅：宽52厘米　深43厘米　高68厘米

几：长26厘米　宽18厘米　高58厘米

清代紫檀家具的制作在总体上追求富贵、繁复、华丽的风格，故多在家具上精雕细刻，这和紫檀木优良的木性有着密不可分的联系。紫檀的木质细腻，裂纹少，有韧性，非常适宜雕刻。清代，家具制作深受西方艺术精雕细琢风格的影响。当时，随着紫檀木家具的兴起，紫檀木家具的工艺得以产生，以京作与广作紫檀工艺为代表，另外还有苏式紫檀工艺。

清代紫檀家具主要有桌案类、椅凳、柜橱、屏风和床榻等。

3. 庄重大气、沉静古朴的气质

紫檀木虽比不上黄花梨的华美，但沉静、稳重、古朴，且木质细腻、韧性好、耐雕琢，纹理美观，色泽雅致，因而备受推崇。

在各种硬木中，紫檀木的质地最坚、分量最重，做出来的家具给人一种牢靠沉稳的感觉。这种家具经久耐用，历久弥新，即使历经数百年也不会毁损，是现代杂木、柴木家具无法比拟的。

紫檀家具具有非常强烈的宫廷色彩，堪称中国古典家具中的贵族，它色泽深沉、不喧不噪、坚实耐用、稳重静穆的特性，与清代帝王期望的富贵长存、江山永固的心理需求相符。

古时的能工巧匠们把紫檀木内在的雍容肃穆之美发挥得淋漓尽致，紫檀家具由于材质昂贵、样式讲究、做工精绝、数量稀少，可以称得上是家具中的极品。此外，紫檀家具还具有悦人之香，能够起到养生保健的作用。

❀ 紫檀家具的分类鉴赏

1. 坐具

据明代李渔《闲情偶寄》记载，坐具分杌、凳、椅三种。杌指的是小凳子，椅是指有靠背的凳子。宫廷用的大型椅子，又被称为宝座。

（1）椅子

椅子，即有靠背的坐具。早在唐代，绘画中就有造型成熟的椅子形象。椅子根据不同的形状分类，可分为诸多种类，如圈椅、官帽椅、玫瑰椅、禅椅、交椅等。明代偏好矮而阔的椅子。正如明代文震亨的《长物志》卷六记载："曾见元螺钿椅，大可容二人，其制最古……总之，宜矮不宜高，宜阔不宜狭。"

紫檀拐子书卷椅（一对）　清代
宽55厘米　深43厘米　高86厘米

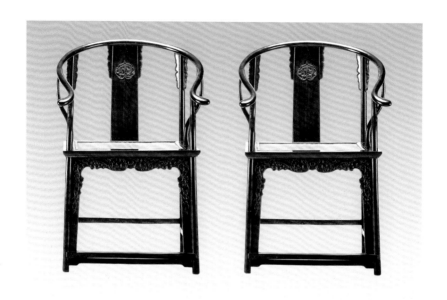

紫檀圈椅（一对）　清代
宽65厘米　深58厘米　高99厘米
此圈椅为紫檀木制。椅圈三接，四腿由上至下，贯穿椅面与椅圈相交。靠背板上端浮雕夔龙纹，仅在上方浮雕螭龙纹。扶手鹅脖之间有小角牙，座面下三面安券口牙。

　　宋代，圈椅样式流行，只不过当时所流行的是圆背交椅，后来才演变为现在所见到的"圈椅"，在明代被俗称为"罗圈椅"。圈椅是从交椅演变而来的。圈椅的扶手和搭脑连成一个椅圈，与交椅的上半部相同，而下半部则与其他扶手椅的样式相同。圈椅一直被人们称为"太师椅"。据说，"太师椅"的称呼起源于宋代对一种交椅的称呼。明代把圈椅称为"太师椅"，可以说是对圈椅的美称，也是唯一一种用官名命名的椅子样式。清代把所有的扶手椅都称为"太师椅"，这一称呼在民间是约定俗成的。圈椅之所以受欢迎，据说是因为舒适。不过，也有人认为，圈椅的造型与人体曲线不适，坐起来一点都不舒服，而且搭脑太高，到扶手的圆弧处也显得很高，手臂放在上面一点都不自在。若适当地调整圈的高度以及靠背的后仰弧度，应当能够较好地改善坐者的舒适度。

上页图中的紫檀圈椅，椅背和官帽椅的椅背高度差不多，简繁适度，各处的比例搭配得较好。靠背板做成三弯形，椅曲在伸出鹅脖的地方再向外弧出，看起来很有弹性，且装有牙子。联帮棍呈 S 状，高于扶手椅的联帮棍，起着承重的作用。后腿是直的。扶手位置比正常位置高出许多。因此，圈椅的扶手并无扶手的实际功能。椅的下半部与其他扶手椅并无区别，正面和两侧的腿之间做了壶门形券口，从而增强了这把圈椅的灵巧感。靠背板上雕刻着仿古玉龙纹，古朴润泽。脚枨为步步高样式。此紫檀圈椅的座面为藤面，与木面的椅子相比，藤面的椅子坐起来更舒服，藤的色彩与紫檀的色彩相对比，极为美观，可以称得上是一举两得。许多藤面的椅子由于使用了很多年，藤就会变松。现在有了新工艺，用优质细藤编织及加固的座面，可以保持百年不变。藤面在使用了较长时间之后，会产生一种橙红色，显得更加沉稳好看。

官帽椅，又称扶手椅，因其造型和古代官员的帽子相似而得名。在民间，官帽椅是能见到的最多的家具之一，从一般细木到贵重木材制作的都有，是客厅中最常用的摆设。人们通常将两张官帽椅之间摆上一张茶几，放置在客厅的两侧。官帽椅又分为两类：南官帽椅和四出头官帽椅。南官帽椅的扶手和搭脑均不出头，分别与鹅脖、立柱衔接，椅背搭脑与立柱的衔接处做出圆角。此种样式由于多出现在南方，故被称为南官帽椅。明式南官帽椅，除了背板有团花浮雕外，全体基本为素式。

在明代小说的插图中，四出头官帽椅出现的频率要远远高于南官帽椅。四出头官帽椅的搭脑在立柱处探出，而且削出圆头。此种搭脑出头的样式与明代官员所戴的有帽翅的官帽极为相似，此椅因此而得

十八世纪紫檀南官帽椅（一对） 清代
高93厘米

名。这种椅子的扶手在鹅脖处也向外探出。另外，四出头官帽椅取"仕出头"的谐音，寓意官运亨通。明清两代使用的官帽椅，在风格上有些差别，主要体现在纹饰上。明代官帽椅大多挺拔清秀，少用雕刻，只在牙板和靠背板上有少量的纹饰；而清代官帽椅的款式多样，用料略粗直，雕刻的纹样面积也较大。

有一种紫檀官帽椅的靠背板呈S状弧形，与搭脑相连的后脚上部则微微向后仰，从而使得坐者的背部能够非常舒适地靠在靠背板上。但并不是所有的明式官帽椅都是这种后仰样式。这种紫檀官帽椅的椅子座面呈前宽后窄的扇面形状，扶手与前腿上部用榫头顺势相连，扶手下的S形联帮棍上细下粗，腿枨则做成了步步高式，靠背板上有精巧提神、工笔风格的牡丹纹样。此种官帽椅在转折处非常精致到位，找不到丝毫瑕疵，于简洁之中见精神。

上海博物馆还有一把清代紫檀南官帽椅，主体部件用的都是方形，边角带圆，整体稳重敦实，表面素净，仅仅在曲形靠背处装饰着草龙纹样，脚枨也是步步高样式。

此外，上海博物馆还珍藏着一把极有特色的清代紫檀云头搭脑扶手椅。其独特之处首先在于椅子的纹饰是西式纹样和中式纹样相混合，西式卷草、西番莲与蝙蝠纹结合得极为巧妙。其次是对于空的处理，由于并未使用踏脚杖而用的托泥，椅子下部显得很轻很空，从而形成了下轻上重的感觉。最后是椅子扶手的造型整体采用了回纹，做出后高前低的样式，将接连不断、生生不息的吉祥寓意隐藏在造型之中。这把椅子的主体构件也是近乎方形，故给人的感觉较为硬朗。

下页图的椅子是标准式样的四出头官帽椅，所谓"四出头"，指的是扶手及搭脑的横梁部分超出鹅脖及立柱。整把椅子的造型协调，结构简练，自然而流畅。各个构件的弯度较大，相当费料与费工。它适度地巧妙应用曲线，从而取得柔婉的效果，椅盘下采用壶门券口，与之相互辉映。

紫檀四出头官帽椅　清中期
宽47厘米　深55厘米　高96厘米
此紫檀官帽椅搭脑两端出头，靠背板四段攒成，雕工精巧，细腻生动。扶手三弯，曲线优美。鹅脖在椅盘抹头上凿眼后另行安装，不与前腿连做。设联帮棍。椅盘攒框打眼置软屉，边抹混面。座面下安沿边起线的素面刀牙板券口牙子。腿间管脚枨前后低两侧高，与步步高枨同为明代常见样式。正面枨下置素牙条。

紫檀玫瑰椅（一对）　清代
宽58厘米　深46厘米　高82厘米

　　家具也体现着不同时代的时尚特征，例如，明代喜欢流畅纤巧的家具，清代喜欢形式多变、用料粗大和装饰华丽的家具。至于整日忙碌且处于巨大竞争压力之下的现代人，更喜欢清新雅致的简洁风格，现代人的情趣与明式家具有更多的共鸣。

　　玫瑰椅的学名出处以及样式演变，现已不详，也许原本是闺房之物，由于其形体纤美而流传开来。在中国古代，对于和女性有关的器物的记载相对较少。在明代著名小说的插图中也几乎见不到玫瑰椅的形象。

玫瑰椅的椅背远低于官帽椅的椅背，和扶手的高度相差无几。在陈设时，椅背不会高出桌面或窗台，极易与居室中的其他家具相搭配。坐在玫瑰椅上，感觉并不舒适，头部和背没有依靠，坐者很快就会感到疲劳。

玫瑰椅的做法与南官帽椅近似。明代玫瑰椅多方脚或圆脚，清式玫瑰椅在脚面常见刻棱线。

上页图的这把紫檀玫瑰椅，装饰细腻，结构精巧，体现了空灵圆转的格调。最为显著的特征是，它充分且巧妙地运用各种枨子，以加强视觉上的美感。绝大多数的杖枨、杆都是圆形的，显得纤巧。腿枨下部、座面下部都用了罗锅枨，从而使上下呼应。从结构上看，这把椅子所用的罗锅枨主要不是为了加固，而是像通过曲线对直线形的单调感进行调和。椅子的脚枨则采用了步步高的形式。椅子的上半部是最具特色的，椅面的上部采用了直枨加矮老的结构，扶手的下面没放联帮棍。之所以采用这种结构，主要是为了装饰，把椅子上部的空间再次进行分割，从而形成疏密关系，在其他座椅的相同部位，几乎从来没有出现过此种处理手法。靠背在直枨的上部用券口装饰，券口上面雕刻的曲线跳动宛转。这种类似于没有靠背板的样式，只会出现在玫瑰椅上。

玫瑰椅的样式繁多，在苏州园林的陈设中，多可见到。其装饰手法非常近似于江南工匠惯用的装饰手法，以线结构作为主要手段。清中期之后，玫瑰椅的装饰完全发生了改变，靠背板不再采用空心样，只要有较大的平面，就加以装饰，与当时追求粗大华丽的风气更为接近。

2. 宝座

宝座是在大型座椅的基础上发展而来的，阔和深都加大，用料粗大，极具气势，供帝王以及皇族使用，以显示统治者无上尊贵的地位。明清两代宫廷制作了大量的宝座。清代的宝座几乎全都布满了纹样，大都雕满云龙纹。

下图的紫檀宝座收藏于上海博物馆，是一张清代宝座的仿制品。原件的结构设计非常高明，靠背、扶手等皆是曲线造型，各处的接合都做了非常精确的计算。牙板和腿都是膨形鼓出，非常耗费材料。原件的外形大气庄重，装饰精细，充分体现了清代宫廷紫檀家具艺术以

清式紫檀宝座

及加工技术的高超水准。

该仿制品在保持了原件的基本外形和纹样的基础上，在诸多方面做了改进，使其能更好地融入现代生活。原件的座高较高、座面深且宽，人坐在椅子上，只能坐在边缘，不然两只脚就要离开地面，坐姿极不雅观。由于椅子极阔，扶手只是一种摆设，两只手臂很难靠到扶手。靠背板比较直，背部靠到靠背毫无舒适感。也就是说，原件似乎并不是让人久坐的，似乎只是一个摆设。该仿制品则将座高调低，减少了座面的深度和宽度，将原先的紫檀座面改为藤面，并调整了靠背的后仰度和曲度。经过无数次的试验、无数次的改进，这张经典造型的宝座终于在保持原有风格的基础上，有了更好的美感和舒适度，从审美及工艺水平上来说，该仿制品已远远超过了原件。

3. 坐墩

坐墩，由于其上面又多覆盖了一方丝绣织物，故又被称为"绣墩"。在凳类中，坐墩是形象较为特殊的一种坐具，呈中间大、两头小的腰鼓形。

早在宋代的画中，就出现过坐墩的形象。当时的坐墩显得非常矮胖，中间的膨形鼓出较多。当时制作坐墩，通常是采用木板攒鼓的手法。坐墩的造型多样，既可以在室内使用，也可以在室外使用。大多数明代坐墩的形体比清代略大。明代的坐墩多数较素净，而清代的坐墩造型变化多，雕花也较多。

坐墩的最初造型应当是源于鼓的形状，故又名鼓凳，通常还有上下两排鼓钉的造型。坐墩有开光的和不开光的之分。清代的坐墩有圆形座面的，还有海棠形、多棱形座面的，有的坐墩还有束腰。变化最多的体现在开光装饰上，开光有各种不同的形状，除了镂空成云纹、海棠形等纹样之外，还会在开光处用小料拼接出各种各样的图形。此外，有的坐墩的底部还装有小足。

坐墩的装饰性好，造型圆满，在清代较为普及，当时较为富裕的人家几乎都有坐墩。通常情况下，开光坐墩便于移动。另外，为便于搬动，有的坐墩腰部还安装了可以拎的环。

海棠式五开光的鼓凳，形体极为丰满，鼓形的两端各有一圈弦纹线脚，并仿皮鼓做了一排鼓钉，极具情趣。这种造型洁净清秀，能够清楚地看到紫檀木纹的变化。现代高超的打磨技术可令整个器物显得更加光润可人。

紫檀满雕西番莲花圆墩（一对）　清代

直径30厘米　高51厘米

此圆墩为紫檀木质地，墩面与底面的侧边均饰有一圈鼓钉纹，下接弦纹两道，在两道弦纹之间又饰以拐子龙纹图案。墩壁的开光内满雕西番莲纹，开光的如意头内及开光之间的空隙均饰有蝠纹，墩底部有四脚。

四开光坐墩具有典型的明代风格，全物制作严谨，除弦纹及鼓钉外别无他饰。鼓凳样式看起来比较简洁，但由于侧面是弧板，需要消耗极多的材料。越是弧度大的侧面，需要消耗的木材就越多。

4. 摇椅

摇椅，大概来源于西方，是在椅子的前后脚之间加一个弧形的枨子，人们坐在上面，可以前后摆动，从而获得摇篮般的感受。一定的摇摆频率能够令人感觉和谐安静。

下图的这把紫檀摇椅完全使用了中国式的视觉元素，椅子上的各处曲线都与明式官帽椅的装饰手法相同，并在座面框架两侧装饰了美丽的卷草纹样。这把摇椅的重心设计得极为科学，从而使其在静止之时能保持水平的姿态，人们躺在上面，只需轻轻用力，便可使之摇动。闲暇时分，躺在上面，轻轻摇动，顿生飘飘欲仙之感。

摇椅
长118厘米　宽45厘米　高39厘米

紫檀双面交杌　清代
长64.5厘米　宽60厘米　高61厘米
紫檀木制，交杌用八根直材制成，左面穿绳索软屉，为交杌的经典造型，正面两足之间
添置踏床，下台式牙条。四根腿足相交处留作方形，圆中见方的设计可使交杌结构更加
稳固，轴钉笕铆内外，侧加垫护眼如意云头铜饰。脚踏三边镶铜以方胜纹饰脚踏三边镶
铜以方胜纹饰脚踏面。紫檀交杌较为罕见，不带雕饰足以突出紫檀木纹之美。

5. 杌

交杌，俗称"马扎"，可折叠，方便携带。又名交床或胡床，通
过这一名称可以推测，其应是从西域传入的。据明代《长物志》记载：
"交床即古胡床之式，两都有嵌银，银铰钉，圆木者。携以山游，或
舟中用之，最便。"

上图的这个紫檀交杌，是明代黄花梨交杌的仿制品。交杌座面为

紫檀鼓腿膨牙大方杌　清初

真丝线编软屉，座面横材立面浮雕卷草纹，极为纤细。所谓软屉，指的是椅、凳、榻等家具座面采用丝、藤等编成的软质面。圆材杌足通过透榫与足下横材和杌面横材相接，前后足的交接处有用白铜制作的装饰件。踏板中有方胜白铜饰件，踏板下有壶门牙子带两小脚装饰。

6. 杌凳

杌凳指的是无靠背的坐具。

❈ 桌、案、几

桌、案是人们对一类家具的称呼。桌与案还是有一定区别的。桌指的是四足在桌面四角的结构体；案指的是四足不在四角，而是缩进去一些的结构体。案的造型方式基本包括以下几种：首先，案面为平面的称作平头案，桌面两边翘起来的为翘头案；其次，腿足下分为无托泥和有托泥的；最后，腿足间有无镶板。通过上述几种组合方式，可组成多种多样的案。

由于造型和作用的不同，桌子分许多种，如长桌、方桌、炕桌、书桌、琴桌等。在古典家具中，桌案类是最重要的组成部分之一。清朝时期，桌的种类划分已十分齐全和细致了。北京匠师对画案、画桌、书案、书桌均有明确的概念。画案、画桌没有抽屉，便于起身书画；书案、书桌则都有抽屉。

紫檀如意长桌　清代
长136厘米　宽40厘米　高80厘米
此长桌为紫檀木质地，桌面攒框装板，束腰打洼，雕连珠纹垂牙子，方腿直足内翻马蹄，此桌雕饰上繁下简相映成趣，造型稳重大方。

1. 桌

画桌属于长桌，主要用于作画，兼用于裱画，因此，桌面要宽于普通的长桌。画桌通常分为有束腰和无束腰的。画桌与琴桌一样，都是主人用于创作艺术的，故主人会格外注重画桌的设计制作，以显示主人高雅的鉴赏力。

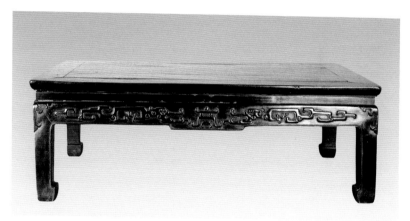

紫檀龙纹炕桌　清早期
长85厘米　宽34厘米　高28厘米

紫檀漆面炕桌　清雍正

在中国传统家庭中，方桌是最常用的家具。依其大小，可分为四仙桌、六仙桌和八仙桌。古人以大方桌为上等，将八仙桌等作为餐桌使用。据明代《长物志》记载："须取极方大、古朴，列坐可十数人者，以展玩书画，若近制八仙等式，仅可供宴集，非雅器也。"不过，

紫檀卷草纹八仙桌　清乾隆

长84.5厘米　宽84.5厘米　高83.5厘米

现在的观念已发生改变，现代生活的时尚是追求小巧精致。

　　下图的这张清代紫檀条桌呈窄长形，有束腰，雕着蕉叶纹。此类窄桌通常被放置在靠墙的位置，用来摆放杂物或装饰物等。

紫檀蕉叶纹条桌　清

紫檀棋桌　明

2. 案

清代李渔在《闲情偶寄》中记载了自己对几案用法的心得："但思欲置几案，其中有三小物必不可少。一曰抽替……一曰隔板，此予所独置也。冬月围炉，不能不设几席。火气上炎，每致桌面台心为之碎裂，不可不预为计也。当于未寒之先，另设活板一块，可用可去，衬于桌面之下，或以绳悬，或以钩挂，或于造桌之时，先作机殻以待之，使之待受火气，焦则另换，为费不多。此珍惜器具之婆心，虑其暴殄天物，以惜福也。一曰桌撒……从来几案与地不能两平，挪移之时必相高低长短，而为桌撒，非特寻砖觅瓦时费辛勤，而且相称为难，非损高以就低，即截长而补短，此虽极微极琐之事，然亦同于临渴凿井，

紫檀龙纹平头案　清代
长133厘米　宽41厘米　高85厘米
此平头案选用名贵的紫檀为材。案面长方，下承两条屏风式案足。无束腰，案板厚重，四边剔地浮雕双龙纹，并加饰透雕夔龙纹牙条。

天下古今之通病也，请为世人药之。"

原来，明朝时期，把垫桌子脚的小木片称为桌撒。不过，在案上设抽屉的似乎很少见。上海博物馆所收藏的一张紫檀架几案极具特色，一块长至 3 米的案板放置在两个几上，成为一张案，若将案板撒走，下面的两个几则可单独使用。案板边缘雕的是蝙蝠和云纹，寓意福从天降。几上雕的是西洋卷草纹和西番莲纹。这两种物件尽管风格不同，却可以和谐地搭配在一起。

长案通常被放置在大厅与正门相对的位置。案上常放置镜子、花瓶等物品，取"平静"之谐音。案前摆放方桌，方桌的两边放椅子，此即传统上的固定搭配。此外，还有画案、书案等根据用途摆放在相应的位置。

上页图中的这件紫檀龙纹平头案制作工艺十分精湛，尤其是由于磨工技术和雕刻技艺的大幅度提高，整件器物闪烁着玉器一般的光泽。挡板和牙头均为透雕，挡板透雕灵芝纹，组成藤状缠绕。牙头雕刻的是相背的两只凤纹，凤的尾部演变为卷草，纹样极为流畅。足下有托子。这种案子形体优雅，极富装饰性。

下页图中的平头案样式极简，只有牙板作卷云样式，边缘起阳线。夹头榫结构。此平头案虽然简洁，却并不简单，枨子、腿足、云卷的精度都达到了精益求精的要求。案腿几乎是百分之百的标准圆，甚至能经得起游标卡尺的检查。案子的各个对称部件也都是高精度的对称。因此，这张平头案无论从哪个角度观看，都非常完美。

紫檀平头案

紫檀小翘头案　清早期

长37厘米　宽14厘米　高12.5厘米

通体以紫檀料为材，案面两端嵌入小翘头，灵动飞扬。边抹四边底端押窄线，下接牙板，牙头锼出卷云纹饰，边缘起线，线条优美顺畅。腿足以夹头榫纳入案面，足端外撇，为"香炉腿"。腿足间绦环板透雕灵芝纹。

3. 几

几是一种较为古老的家具样式，早在战国至汉魏的墓葬中，就可以见到一些矮几，质地为陶器、漆器。几的种类繁多，有凭几、炕几、香几、宴几、蝶几、茶几、花几、案头几等。

下图的这种高几的样式，是到了宋朝时期才开始出现的。在南宋的《唐五学士图》中，就有高几的形象。高几多作花台，或是放置香炉用。这张高束腰高几的造型平正，体现了端庄硬朗的仪态。卡子花为凤纹造型，托子下的四足造型极为别致，这两处装饰为高几增添了一些情趣。

紫檀高几

4. 罗汉床

罗汉床指的是左右和后面都装有围栏的一种床。其名称来源已无法可考，或许与寺庙中曾较多地使用过这种形式的床有关；也可能是由于床的形象饱满，酷似寺院中的大肚罗汉而得名。王世襄先生在谈到罗汉床时，提及北京园林中的石桥常有"罗汉栏板"，它具有栏板——相拼、中间不设立柱的特点。或许罗汉床这一名称与罗汉栏板颇有渊源。

明代罗汉床的主要特点是体积不大，便于移动，在使用上比较随意，无论是室内，还是户外，皆可使用。较固定的位置主要是闺房和书斋，以作小憩之用。在明代小说的插图中，多处可见此床。罗汉床是卧具，

紫檀香蕉腿罗汉床　明代
长185厘米　宽125厘米　高68厘米

也是坐具。有将其放于卧室作卧具的，也有将其放于厅堂待客用的。在小说《金瓶梅》的插图中，有把罗汉床放于屋外纳凉用的。清代的大罗汉床上，还可放置炕几，两边分别坐人，面对面进行交谈。清中期以前，罗汉床的形制基本与明代相同。明代晚期的罗汉床，样式多样。就床身而言，除了分为无束腰和有束腰的之外，腿有直腿、三弯腿、内翻蹄足、膨牙、鼓腿等区别。就围子而言，通常以五屏风或三屏风的围子居多。而清代宫廷常用紫檀大料制作粗大的弧形内翻马蹄床腿，牙板也非常厚，围子多使用整块板接合，或镶，或雕，装饰复杂的纹样，尽量展示华丽富贵，有"七屏风式""五屏风式"以及"三屏风式"等。装饰题材也有多种，有人物、水、山、鸟、花及其他吉祥纹样等。

从明版书籍的插图和传世实物来看，围子上的装饰，较多见的有以下四种：第一种是注重雕刻，浮雕吉祥图案；第二种是用攒接手法组合图案；第三种是围子镶嵌大理石，通过石材天然色泽的变化来象征变化无穷的山水奇景；第四种是好用素围子，充分利用木材的自然纹理，展现质朴高雅的文人气息。

❀ 橱柜、多宝槅

1. 橱柜

橱柜是家具的一个大类，早在明清时期，就有诸多品种。其中最常见的立柜是"顶竖柜"，由顶柜和底柜两部分组合，两者通常是一对，可拆分为四件，故又被称为"四件柜"。橱柜还按其功能和造型的不同，分为衣柜、药柜、书橱（书柜）、碗柜、亮格柜和圆角柜等。

紫檀框黄花梨夹心顶箱柜（一对）　清代

长95厘米　宽48厘米　高232厘米

此大柜以紫檀木做成，柜顶四面平式，顶柜柜门板心及两侧立墙上部嵌装紫檀双龙纹花板，下部装黄花梨素板，底柜门及两侧立墙被四根抹头界成五段，上中下亦分别装紫檀木雕双龙绦环板，其间镶嵌黄花梨素板两块。此外，大柜还安装有铜质合页、面页、吊牌。

　　明末清初的李渔在《闲情偶寄》中详细阐述过制造橱柜的过程，文曰："造橱立柜，无他智巧，总以多容善纳为贵。尝有制体极大而所容甚少，反不若渺小其形而宽大其腹，有事半功倍之势者。制有善不善也。善制无他，止在多设搁板。橱之大者，不过两屉、三屉，至四屋而止矣。若一层止备一层之用，则物之高者大者容此数件，而低者小者亦止容此数件矣。实其下而虚其上，岂非以上段有用之隙，置之无用之地哉？当于每层之两旁，别钉细木二条，以备架板之用。板勿太宽，或及进身之半，或三分之一，用则活置其上，不则撤而去之。如此层所贮之物，其形低小，则上半截皆为余地，即以此板架之，是一层变为二层。总而计之，则一橱变为两橱，两柜合成一柜矣，所裨不亦多乎？或所贮之物，其形高大，则去而容之，未尝为板所困也。此是一法。至于抽替之设，非但必不可少，且自多多益善。而一替之内，又必分为大小数格，以便分门别类，随所有而藏之，譬如生药铺中，有所谓'百眼橱'者。此非取法于物，乃朝廷设官之遗制，所谓五府六部群僚百执事，各有所居之地与所掌之簿书钱谷是也。"

上海博物馆收藏了一对清宫遗物，为紫檀大方角柜，柜体高大，高约200厘米。其中最显眼的就是四扇门上大面积细密雕刻的云龙纹，这些雕纹显示了皇室的气派。门襻和铰链都用黄铜材质，具备装饰和实用的双重功能。另外，还有一对高约60厘米置于桌面上的小方角柜，分上小下大两截。这两个小方角柜，上面的门上透雕仙鹤云纹，下面的门上则透雕云龙纹，也是黄铜门襻和铰链。小的方角柜主要用来储放小物件，兼具装饰功能。

圆角柜是居家的常备家具，其名称源自其形状，又称"圆脚柜"。柜框的外角打磨为圆形，腿足也是圆脚。柜的外框直下构成腿足，柜门为两扇，一左一右，柜门上的板皆选用带花纹的漂亮的板。无论是从正面还是从侧面看，圆角柜的外形都是上窄下宽的梯形。

2. 多宝槅

与其他家具样式相比，多宝槅的起源较晚，约出现于明末清初，至清代乾隆时期才形成成熟的样式，其主要用来展示和储藏古董艺术品，如玉器、瓷器等。

紫檀雕花多宝槅　清

❈ 屏

1. 挂屏

挂屏主要用于欣赏，紫檀挂屏更具艺术性，也更具保值功能。紫檀挂屏多选择描绘细致、构图疏朗的工笔类绘画作为蓝本，板心为主画面，外镶板材，再置于边框之内，犹如一幅经过装裱的国画作品。下面将选择《海青搏鹄图》《寒雪独鹙图》《荷香千里图》《鱼藻图》等几幅比较典型的作品加以介绍。

海青搏鹄图

寒雪独鹙图

　　《海青搏鹄图》是根据明代殷偕的绘画制作而成的，描绘了一只大雁不慎被鹰所捕，正在奋力挣扎的场景。画面的构图绝妙，以一种极具震撼力的方式展现了自然界中捕食者和猎物间的生死瞬间。伫立在画前，你能够感受到秋风猎猎，能够听到大雁的长嘶回荡在长空之中。在镜面般的紫檀材质上，鸟羽被刻画得分毫不差，从而产生了一种独特的戏剧性效果，犹如时间停止，被凝固成永恒，就像禅宗所说的"瞬刻永恒"一般，令人不禁思索生命的含义。

　　《寒雪独鸶图》描绘了雪后的萧瑟寒风中，一只鹭鸶正停留在一段残桩上歇足的场景。图中的鹭鸶栩栩如生，羽毛与体态被刻画得极为真实，似乎只要它稍一扑翅，即可跃出画面。这段残桩粗糙嶙峋，覆有积雪，使用了非凡的表现技巧，在如镜的紫檀面上特别突出。画面外的面板是用黄花梨制作的，暖黄色调把画面烘托得极为雅致，令人忘却了寒冷。画面所展现的意境，正如北宋著名文学家苏东坡所言："人生到处何相似，应似飞鸿踏雪泥。泥上偶然留指爪，鸿飞那复计东西。"

　　《荷香千里图》可谓自然天成，巧妙地借用了紫檀面上的流水样花纹，荷花在风中飘舞，水流回转，展现了夏季清风徐来的浪漫情怀。

　　《鱼藻图》描绘了白条鱼在水藻中漫游而过的场景。这幅画巧妙地运用紫檀的光洁展现水质的清澈。鱼的头部夸张写意，大嘴上翻，鱼眼圆睁，犹如八大山人绘的鸟一般，傲然注视着朗朗乾坤。

紫檀框漆地嵌百宝耕织图挂屏（一对）　清道光
宽75厘米　高135厘米

2. 屏风

屏风，顾名思义，为挡风之物，是可以移动的隔板，主要功能是分隔和装饰空间。屏风由多个单元组成，多做成可折叠样式。

上海博物馆收藏的清代紫檀屏风，是由5扇屏组成的，每屏分为段，上段和下段皆浮雕云龙纹，中间上段是方形玉石镶嵌画，中间下段是窄条形玉石镶嵌画。每扇屏上的方形镶嵌画的大小不同，中间一扇上的最大，两边的则最小，与屏风的山形造型相一致。方形镶嵌画的画面疏朗，都是仿工笔花鸟画的庭园小品，描绘了杏花、梅花、石榴、广玉兰等植物以及鸟类嬉戏的场景。窄条形镶嵌画主要描绘的是瓶花小品，皆是有吉祥寓意的花卉。这件屏风的体积巨大，再加上厚大的底座，显示了非常宏伟的皇家气派。

紫檀钱纹座屏　清乾隆
长38厘米　宽22厘米　高89厘米

3. 座屏

座屏主要用于装饰，小的座屏放置于桌，大的座屏放置于地。"屏"与"平"谐音，寓意安宁平静，正所谓宁静致远。耕读或官绅之家，通常会在客厅放置一面镜和一面屏，以表达此意。座屏的结构属于可拆分式，上面的部分为屏，屏与座可拆分开，屏可插在座上。

上海博物馆收藏着一件紫檀座屏，画面部分为镶木风景浮雕。整件物品为清代风格的仿古式样，紫檀画框上部雕刻回纹，座体下部也是回纹。座体透雕部分为仿玉器纹样，并雕刻了绳形相联各个单元。这件座屏的侧面极为优雅，支撑牙子类似于云纹的变形，透雕饰件环环相套，起着固定的作用。

紫檀透雕螭纹嵌大理石座屏　清代
长128厘米　宽64厘米　高196.5厘米
此座屏以紫檀木制成，造型为仿明式。特点是大框之中用透雕花纹绦环板围成一圈，当中镶仔框，仔框之中又镶大理石心，底座横梁之间镶两块透雕螭纹绦环板，下部有浮雕螭纹披水牙。

紫檀雕八宝八仙纹顶箱柜（一对）　清代
长88厘米　宽45厘米　高180厘米
顶竖柜两件成对，紫檀木质。上下分别对开两门，浮雕八宝纹和八仙纹，寓意八吉祥和
八仙庆寿。周围衬以起地浮雕的祥云纹，两侧镶板以回纹拐子圈边，当中浮雕盘纹、蝠
纹及葫芦纹，寓意喜庆幸福和多子。

▩ 紫檀家具流派

　　清代的各地家具形成了各自的特色，有广式、京式、苏式、晋式、
宁式等流派。广式、京式、苏式三个流派将紫檀作为主要材料，而这三
种流派之所以能够鼎立，是清代宫廷喜好的结果。清代宫廷所采购的大

紫檀四季花书柜（一对）　清代

长100厘米　宽36厘米　高200厘米

此柜四面平式顶，上部三层四面开敞，三面镶安带石榴纹矮老梅枝花板围子，三层格下平列抽屉两具，屉面板于委角方形开光内各雕竹、菊图案。配铜质面页、吊牌，屉下设柜，对开双门，心板分别雕竹、菊图案，并有苏轼题诗，配有铜质合页，面页、吊牌；柜下正面足间装垂云头雕兰草牙子。

量紫檀木材为制作紫檀家具提供了物质基础。正如《养心殿造办处各作活计清档》中所记载："乾隆十一年八月二十六日，司库白世秀为备用成造活计看得外边有紫檀木三千余斤，每斤价银二钱一分，请欲买下，以备陆续应用等语，启怡亲王回明内大臣海望，准其买用，钦此。"

1. 苏式家具

明朝时期，官府、富家宅邸所用的家具多来自于扬州、苏州和松江一带，这一地区是明式家具的发源地，这些家具被人们称为"苏式家具"。苏式家具尺寸合度，线条流畅，素洁文雅，较少镶嵌、雕刻，即使有雕刻，面积也较小，很少有大面积的雕刻。镶嵌材料多为象牙、玉石和螺钿等。苏式家具的制作多为一木连作，上下贯通。大器物多用包镶的手法，将杂木作为骨架，外面粘贴硬木薄板，以节省材料。苏式家具惜木如金，与当时的广州、北京相比，苏南地区的硬质木材的来源要困难许多，所以，苏派工匠们在用材时养成了精打细算的习惯。

苏式家具的装饰时常运用小面积的线刻、嵌木、浮雕、嵌石等手法。题材多取自于历代的名家画稿，以山石、花鸟、山水、风景、松、竹、

紫檀凉榻　明代

梅以及各种神话传说为主。其次是传统纹饰如二龙戏珠、龙凤呈祥、海水云龙、海水江崖等。折枝花卉的使用也较为普遍，多是为了借其谐音，寓意吉祥。

清早期，苏式家具还较为流行。清初期，清廷的家具主要是向各产地采办，康熙年间依旧沿袭明朝旧制，从苏州地区进行采办。雍正后，新兴的广式家具受到统治者的青睐。苏广两地进贡了数量极多的精品家具，仅乾隆三十六年（1771）就有两广、两江、两淮、江宁等九处向宫内进贡，总数达150件之多。雍正、乾隆两朝，家具的风格发生变化，急速向烦琐、富丽的方向转变，苏式家具逐渐失去了往日的主导地位，开始从官向民转化。为了适应市场的需要，苏式家具吸取了广式家具的工艺，故习惯上将其称之为"广式苏作"。苏制家具与广制家具相比，更多地保留了中国家具的传统形式。

2. 广式家具

早在明清两朝，广州就是我国海外贸易的重要港口。当时，南洋各国的优质木材通过广州，源源不断地进入内地。广东的木材相对充裕，促进了广州的家具制造业的迅速发展。当时的广式家具追求的是用料上的粗硕气派。雍正、乾隆以后，上层社会兴起追求豪华气派之风，酷爱大尺寸的家具，广式家具恰好迎合了当时的风气，从而迅速取代了苏式家具的地位。

清中期，西方文化传入中国，许多广式家具在装饰、造型上模仿西方式样，如多使用三弯腿足、束腰状等。装饰图案则直接取材于如西番莲纹样等当时非常流行的西式纹样。西番莲的花纹线条流畅，以

紫檀雕花卉嵌玉罗汉插屏　清乾隆

一朵或几朵花为中心，向四周伸展枝叶，且大多都上下左右相对称。

广式家具雕刻的面积宽广，且纵向较深，并注重镶嵌技艺。镶嵌的材料多种多样，通常有大理石、玉石、螺钿、珐琅、象牙、金属、玻璃等。镶嵌作品多为挂屏、围屏、插屏等。广式家具有非常丰富的装饰题材，传统纹样的种类颇多，如梅、菊、松、竹、兰、葡萄、蝙蝠、鹤、鹿、狮、羊、龙等，还有夔纹、云纹和海水纹等。广式家具浑厚凝重，遍满雕饰。

乾隆初，清宫造办处设立了专门的"广木作"，使之专门承担木工活计。清宫之所以单独列出"广木作"，或许是当时皇宫内木匠之间磨合、斗争的结果。皇宫造办处的工匠主要来自于苏州和广州，这两地的工匠似乎一直都未能融洽相处。苏、广两个流派的制作观念有较大的差异，工艺手法也迥然不同。苏州木匠讲究细巧，广州木匠则推崇"用料唯精"。广式家具更能展现皇族的气派与威严，故最终被皇家所接受。在传世的紫檀宫廷家具中，广式的较多。在宫廷中，广州木匠承做的重要活计比较多，得到的赏赐也就比较多，苏州木匠可能最终被排挤。

在宫廷中，广州的木匠之所以会受宠，主要是因为其制作的家具的风格受到了西方文化的极大影响，从而形成了自己独特的风格。广州由于所处的地理位置特殊，故能很快受到西方美学观念和先进技术的影响。它大胆地吸取了西欧高雅、豪华的家具形式，艺术形式由原来讲究简练精细的"线脚"，转变为追求豪华、富丽和精致的雕饰，同时运用各种装饰材料，将多种艺术表现方法融合在一起，形成了特殊的广式风格。广州木匠在制作家具时，在用材时，极为注重木质的一致性，通常情况下，完全以紫檀木料制成一件紫檀家具。为了展示紫檀天然的花纹和色泽，打磨之后直接以榫卯相接，使木质完全裸露，不使用任何油漆。这些独特的风格受到文人、官绅尤其是清宫廷的喜爱和提倡。因此，在这一时期，广州木匠名工辈出，清皇室从中挑选了一批优秀工匠，让他们在皇宫制作家具。现珍藏于故宫博物院中的六件"双鼎紫檀大柜"，即是清代乾隆年间广州工匠的佳作。

3. 京式家具

拥有紫檀原材最多的地方，首推京城。在京城中，只有皇宫才最具制作价格昂贵的紫檀家具的实力。当时的京制家具，几乎成为紫檀家具的主流。从某种程度上来说，京城制作的紫檀家具反映了当时皇宫贵族的喜好。同时，又因为京城是全国的政治、经济、文化中心，各地的能工巧匠也聚集在这里，这些工匠在制作京制家具时，又将自身的制作风格融合其中。所以说，京制紫檀家具是最具代表性的紫檀家具。当时宫廷制作的紫檀家具主要由"内务府造办处"承制，以满足皇室的需要，充实宫殿、行宫和园林之用。

京式家具以清宫宫廷作坊如御用监、造办处在京制造家具。京派家具是在苏、广两派的基础上产生的，在装饰手法上，继承并发展了历代的工艺传统。京式家具的线条质朴、挺拔、自然明快。由于宫廷造办处的物力、财力雄厚，制作家具时不惜用料和工本，装饰力求豪华，镶嵌象牙、珐琅、金、银、玉等珍贵材料，使京式家具具有十足的"皇气"，从而形成了气派豪华以及与各种工艺品相结合的显著特点。

晚期的京式家具一直延伸至民国时期。后期的京派工匠中，许多粗活工匠在制作京式家具时偷工减料，从而使其失去了真正京式家具的价值与味道。

地区性的差异展现了中华民族文化的多样性。京制的家具具有粗犷的风格，不仅承载了西北文化的传统，同时又不失唐、宋、元以来相对保守的传统，展现出了鲜明的宫廷风格；苏制家具则尽显典雅细致，展现了当地自由的人文精神；广东地区的家具用料厚实，追求稳重、华丽、精巧，这与广东所处的地理位置有密不可分的关系。所有的这些共同铸就了中国明清家具特别是紫檀家具的辉煌。

鉴定技巧

JIANDING JIQIAO

紫檀家具的价值评判

❋ 明清紫檀家具的价值

1. 明代紫檀家具

明朝的紫檀家具极少有传下来的，而带雕工的紫檀家具数量就更少了。紫檀因为其木质优良，不难雕刻，在清朝的紫檀家具中无不显示出雕刻的重要特色；而在明代紫檀家具中，除了极个别的以外，大部分属光素一类。十分明显的是，明朝人对紫檀的特性早已了如指掌，所以充分展示了其内容，淋漓尽致地表现出了紫檀家具如同绸缎的质感和金属一般的光泽，以及紫檀家具所蕴含着的肃穆之美。

明代紫檀家具的杰出代表之一是"裹腿枨双环卡子花条桌"。人

紫檀整挖起线三足笔筒　明代
直径10.5厘米　高14厘米
此笔筒选料考究，木色黝黑泛紫，包浆醇厚莹泽，用料乃紫檀中之上品。笔筒为整挖制成，颇为特殊，唇口、足沿起线为饰，器壁厚实，质感强烈。通体光素无纹，紫檀良材之自然纹理外现，展现了其雅致之美，为文房案头佳品。

们将裹腿式的做工叫作"圆包圆"。可以说，这是明式家具的典范，肃穆而又沉着，并且还以其收敛的势态将明式家具的精髓即文人化倾向表现了出来。因年代久远，所以全器会呈现出金属的光泽，形成完美的包浆。明代紫檀家具有很高的收藏价值。

2. 清代紫檀家具

紫檀木的生长地带主要是热带，大体分布于北回归线以南到赤道地区。紫檀在我们国家生长不多，所以也就决定了清代皇室想用紫檀打造家具必然得从海外进口。根据第一历史档案馆的内务府造办处资料，我们不难看出，清代皇宫在每一年均会花费巨资从海外将许多的紫檀木购买进来，专门制作高贵的紫檀家具为清帝王之家营造宫室。

紫檀笔筒　清代
直径11.5厘米　高9厘米
紫檀木质，色泽瑰丽，包浆温润，口沿自然磨光，中略收腰，线条典雅庄重，少底。

紫檀笔筒　清代
直径14厘米　高14.5厘米
此笔筒由珍贵紫檀木制成，造型规整，包浆亮丽，选材精良，木质纹路清晰自然，古朴典雅。整器光素无纹，完美地展现了其雅致之美。

譬如，清乾隆二十五年（1760）六月初一那一日："造办处钱粮库谨奏为本库存贮紫檀木五千二百余斤恐不敷备用，请行文粤海关令其采买紫檀木六万斤等摺。郎中白世秀、员外郎金辉交太监胡世杰转奏奉旨知道了，钦此。"因为清朝的皇家贵族们四处派人开采紫檀木，可以说是毫无节制，这样一来，南洋地区的优质紫檀木材很快便被采没了，紫檀木中的大多数就这样被集中到了我们国家，具体的存放城市为北京、广州等地。当欧洲人一步步地登陆至南洋地区后，已经无法看到大料的紫檀木了。而那些数量极少的紫檀木，对于他们而言，也成了宝贝。所以他们误认为紫檀根本没有大料，就不得不用少得可怜的紫檀木来制作小巧玲珑的小件器物。据说，在拿破仑的墓前就放着一只紫檀木棺椁模型，长度为五英寸，凡是看到过它的人，都为之诧异。以至于来到我们国家的西方人，看到圆明园和故宫博物院里存放着不

紫檀四面卡子花双层面八仙桌　清中期
长91厘米　宽91厘米　高85厘米

少大料紫檀的家具以后，都惊叹不已。他们后来利用各种手段，将一些清宫珍藏的紫檀家具运往境外，这让全世界领略到了清代紫檀家具的深刻文化和深刻内涵。也正因为如此，中国家具的研究热被掀了起来。

应该说，清代是紫檀家具的制作技术走向成熟的时期。和明代家具造型简洁的特性相比较，清代家具更为注重人为的修饰与雕刻。在入关以后，经过顺治、康熙、雍正和乾隆等不断的努力，到了清中期的时候，清代社会呈现出了前所未有的繁荣景象，版图辽阔，对外贸易也一年比一年频繁，南洋地区的优质木材渐渐流入境内，这自然也为人们制作家具提供了足够的原材料；与此同时，清初期的统治者们好大喜功的心态和清朝初期手工艺技术迅猛的发展，都有效地推动了清代紫檀家具风格的形成。

紫檀透雕螭纹嵌大理石座屏　清代
长128厘米　宽64厘米　高196.5厘米
此座屏以紫檀木制成，造型为仿明式。特点是大框之中用透雕花纹绦环板围成一圈，当中镶仔框，仔框之中又镶大理石心，底座横梁之间镶两块透雕螭纹绦环板，下部有浮雕螭纹披水牙。

❋ 紫檀家具的艺术价值

俗话说得好："人分三六九等，木有花梨紫檀。"应该说，紫檀木在国人心目中的地位是十分尊贵的。在封建社会中，也只有达官贵人和皇室成员才有权力和资格无限制地享受紫檀家具所带来的愉悦感和奢华感。

紫檀木家具制作开始于明代，兴盛于清代。出身于关外的清朝统治者们近乎疯狂地喜爱着紫檀木。紫檀木颜色较深，质地坚密。曾经有这样的传说：紫檀木的"紫"含义为"紫气东来"，是大富大贵的意思。由于清朝统治者们恰好来自中国东北地区，所以十分喜爱紫檀木。并且，紫檀木原本就具有的凝重感、深沉的特征和清代统治者的心理需求相吻合。

紫檀鎏金包角雕吉庆有余书案　清乾隆
长169厘米　宽72厘米　高84厘米

紫檀木致密坚硬的特性和不喧不噪的深沉色泽这两点，决定了紫檀木不难精雕细刻，匠师们可以凭借烦琐的雕刻纹饰言语，有效地对其色泽过于沉闷单调的不足进行掩饰，从而将紫檀尊贵大气的内涵表现出来。其实，这一点非常符合清统治阶级期望江山稳固的心态。因此，在清代皇宫、行宫和苑囿的各个宫殿里，均摆有紫檀木家具。在清代，紫檀木的地位很高，为"各类木材之冠"。

用不同的材料进行家具艺术创作，会产生不一样的家具艺术效果。宣纸是表现书法艺术和水墨画的最好载体，布是表现油画艺术的最好载体，而紫檀则是表现清式家具艺术的最好载体。在我国的家具发展过程中，真正大量运用紫檀木打造家具的时期即为清代。

根据历史资料的相关记载，乾隆对紫檀木十分喜爱，除了大量购进紫檀让人制作紫檀家具外，还会亲自设计与把关。当时清宫里聚集了应召入宫的扬州、苏州和广州等地的匠师们，专为乾隆皇帝设计制造挂屏、插屏、大案、多宝槅、屏风、宝座、龙柜、桌、椅等不同类型的紫檀器物。

一件完整的紫檀家具自设计至成型，凝结了不少匠师的汗水和心血。家具要经过多道工序才可以出厂，具体的工艺程序包括开料、烘干、选料、榫卯、造型、打平、倒棱角、粗雕、细雕、加固、组装、刮磨和上蜡等。

家具造型体现出的价值既在于凝结了劳动者的汗水和心血，还在于珍贵的材料，更是文化的映射。家具制作的时期不同，在工艺、雕刻、设计、造型等方面就会具有不同的特色，这会将当时的国情和文化特征反映出来，也是当时审美情趣和人文风情的体现。

紫檀雕花卉圈椅（一对）　清代
宽60.5厘米　深47厘米　高101厘米

　　另外，紫檀家具高贵的价值还体现在其无法被取代的独特性。20世纪80年代王世襄的《明式家具研究》出版前，在古典家具收藏界及各个大博物馆的收藏名单中，紫檀家具所处的位置始终是第一位。紫檀不翘难裂，木性稳定，因其色泽耀眼逼人、沉穆典雅和质地如缎似玉始终深受皇宫显赫人士所赏识。

　　当然，我们也该清楚地认识到，从20世纪80年代延续到21世纪也就是现在的传统硬木家具制作热潮中，因缺乏应有的社会条件和基础，明代家具和清代家具不再是人们普遍使用的家具样式。现在人们制作家具的风格大多是对传统家具风格传承中的模仿，而根本没有可能再改良或创造出获得人们普遍认同的传统家具风格和家具造型。所

紫檀方凳（一对）　清代
长44厘米　宽49厘米　高36厘米

紫檀小几　清代
此小几为紫檀制，面为整板，沿部打洼，牙板透雕双龙戏珠及回纹，两侧挡板均透雕草叶龙纹，空灵大方。

以，紫檀木、乌木、鸡翅木和红木成为表现清式家具最好的材料，而花梨木则成了明式家具制作与表现的最佳材料。而要特别强调的是，艺术风格不同的家具，需用不同的材料去表现，而家具艺术表现的载体之一便是家具造型。

家具的艺术性对家具的价值可以起到根本性的决定作用。但是，艺术是创造性完美聚集的结果，是各种因素相互作用的结果。家具艺术是在家具制作期间选择恰当的材料，制作合适的家具造型，同时施于家具精湛的工艺，深思熟虑地进行设计思考，巧妙运用材料和搭配材料的特殊纹理，并结合不同颜色和不同材质的材料，同时衬托家具中的各种比例关系和线条。不管是对纹饰图案、榫卯结构和雕刻刀法的选择，还是家具的整体配合，都应组合诸多因素，从而实现其相互协调，达到尽善尽美。

紫檀方形小盖盒　清代
长10.5厘米　宽10厘米　高8厘米
此盒以紫檀为材料制作而成，盒呈方形，内置一格，盖身
规格相若，子母口扣合，造型简练，洗净铅华，尽显木纹
之秀美，为古代文人贮存印泥等文房之用。

　　说到集艺术之大成的古典家具，首推的就是紫檀家具，尤其是清代紫檀家具，集选料与雕刻艺术于一体。

　　随着历史演变，清朝的文化发展强势而又宏大，随之就诞生了与极致艺术相符合的、力求到达顶级皇家气派的紫檀家具艺术。可以说，清代紫檀家具不仅体现了清朝文化的恢宏，更体现了清朝文化的繁荣。

　　清中期的紫檀家具，雕刻精美，造型大气，艺术形式复杂，甚至在雕刻装饰方面也十分细致、精巧，艺术欣赏性很强。

　　除此之外，家具艺术也是对家具内涵的理解，是对制作者自身文化素质的综合考验。这种综合性的考验利于家具制作者在家具制作过程中把握住家具最重要的因素——家具的神韵与灵魂。

　　无论采取多么珍贵的木料，无论制作家具花费多么大的气力，如果制作而成的家具失去了灵气，就像我们人类没了灵魂一样。凡是具有灵魂的家具，既可以让家具使用者觉得愉悦和舒适，还会让家具观赏者赏心悦目。其实能够把握住这一点是很不容易的，但它却是家具在制作完成以后出售时决定附加值高低的一个十分关键的因素。在全面地理解和把握家具内涵的基础上，与个人理解和当代人的审美要求相结合，也是高附加值家具制作的一条重要途径。可以说，家具的艺术性越强，那么家具的价值就会越高。

▩ 紫檀家具木材的独特性价值

1. 紫檀纹理与价值的关系

紫檀木材十分珍奇，具有密度大、油性好、颜色漂亮、耐腐朽和防虫蚀等特性，是其他木材难以企及的。紫檀木材本身的独特纹理，和其所含的矿物质、树胶和油脂等，以及紫檀木材在自然环境下会变化的颜色等，都非常令人痴迷。我们所能常见的紫檀纹理特点具体如下。

（1）牛毛纹

如果我们把紫檀开料或打磨或刨光以后，在它的加工面会看到弯弯曲曲的、细细的、密密的牛毛纹，如同牛毛维管孔一般。这种牛毛纹大部分显现于紫檀料的平切面。

（2）S纹（水波纹）

如果我们把紫檀打磨或刨光后，在它的加工面会看到弯弯曲曲的、细密的"S纹"（也称"水波纹"）。凡是呈现该形态的紫檀木，生长特老、特慢，且大多出现于皮材料。

（3）火焰纹

如果我们把紫檀木材切割开来，或在对紫檀木材进行刨削和打磨等期间，在它的加工面上会看到不同种类的红色（黄色）、紫色相间的花纹，就像火焰飘忽不定，人们称这种纹理为"火焰纹"。事实上，火焰纹的形成是水印纹。通常情况下，紫檀木料的表面均或深或浅、或长或短、或大或小、或多或少地存有一些裂纹和裂缝。紫外线、空气和雨水等易在裂纹和裂缝中促使木材的浸润与氧化速度加快，还会使木色不规则地变深。因此，当加工完紫檀木材的表面后，就会有不同的颜色交织着出现，就像火焰一样美丽，但这种火焰般的花纹伴随着岁月的流逝，表面会慢慢变成比较一致的紫黑色或紫红色。火焰纹大多出现于平切料和皮材料。

紫檀禅凳　清代
长63厘米　宽63厘米　高48.5厘米
此禅凳为明式风格，稳重端庄，其料选用小叶紫檀，牛毛纹理清晰美观，抚之光滑犹如肌肤。冰盘沿，束腰牙板光素，棕角榫构造，腿间安有罗锅枨，直腿抹边，内翻马蹄。

紫檀山水博古柜（一对）　清代

长96厘米　宽44厘米　高180厘米

此对博古柜选用紫檀料，四面平式。上部由开光亮格组成，错落有致，镂雕卷草纹花牙。中间左侧作小型对开双门，分别攒框铲地浮雕山水人物等图案，雕刻平整如一，尤见匠师工艺至纯，横枨延伸圆雕龙头。右侧置抽屉四具，亦雕山水人物图，饰铜拉手。下部柜门对开，腿间装壶门牙子，浮雕兽面纹及云纹图案。

（4）虎皮纹

如果我们把紫檀开料或打磨或刨光以后，就会在它的加工面看到具有较明显反差的连续的明暗斑点，就像老虎皮毛的花纹一样。一般情况下，形成这种虎皮纹的紫檀木材纹理均呈水的波浪状，在径切以后，其切割面木纤维会呈倒、顺走向（反、顺走向），且有规律。如果现有光线，将顺亮倒暗（顺亮反暗），虎皮纹转动一下或掉个头，那么随着光线和方向的变化，虎皮纹就会发生变幻。大部分的虎皮纹会在紫檀料径切面木材纤维呈水波浪状的情况下显现。虎皮纹料不容易刨

紫檀苍龙教子圈椅（一对）　清代
宽71厘米　深62厘米　高103厘米
此对圈椅五接扶手，楔钉榫接，背板弯曲，上部开光浮雕苍龙教子图案，两侧装绳纹花牙。扶手下装曲形联帮棍，鹅脖和扶手前端有拱肩，下穿座盘形成前腿。椅面攒边打槽，硬屉席心。椅子三面壶门券口，均为阳线纹刻沿。腿间安管脚横枨。

光、刨平，在刨料期间，呛渣的现象严重，形成水波浪状且坑坑洼洼的，也只有镑或磨才可以将其弄光弄平。（说明：别的虎皮纹木材最为经典的则为提琴背板料，特别是高档大、中、小提琴背板，上面均为十分美丽的虎皮纹，实际上即为水波纹枫木的径切料。）

（5）金星

如果我们切割开紫檀木材，或把紫檀木材打磨、刨削等，就会在其加工面看到大小不等、疏密不等的星星点点，颜色呈现金黄色，人们常称其为"金星紫檀"。出现这种形态的紫檀木材所在环境的土壤矿物质高，紫檀木材的生长速度特慢，木材中含有高量的脂胶，密度大。"金星"一般多出现于径切料和皮材料。

紫檀嵌百宝狩猎图插屏　清代
长36厘米　厚10厘米　高33厘米
此插屏为清代器物，紫檀料，屏心委角，板心以百宝嵌以清宫狩猎图，背部则用黑底黄漆展现渔乐图。两面之景生动形象，一静一动，对比鲜明。

（6）金丝

如果我们切割开紫檀木材，或对紫檀木材实施打磨、刨削等，在其加工面会看到弯弯曲曲的、细细的、疏密不等的金黄色金丝，人们称其为"金丝紫檀"。其实，"金丝紫檀"和"金星紫檀"在木材材质方面大致是一样的，区别在于切割方向，大多会出现于平切料和皮材料。还有，"瘿子"事实上指的是树瘤，一般常见的有自然生长的树瘤，以及孕育期间在受伤以后会通过自我修复能力形成树瘤，当然也有肉疱节和树节等。在进行完打磨以后，纤维花纹千姿百态，十分美丽。可以说，花纹越怪、越奇，视觉效果就会越好。若其中含有金丝和金星，那么效果会更好。

当然了，紫檀家具的纹理越精美，越变化无穷，越清晰，越漂亮，那么紫檀家具的价值就会越高。不过我们需要注意的是，小叶紫檀上的黑色纹路并非异常现象，对其价值不会造成影响，有些新买家在收到紫檀手串后，总觉得小叶紫檀上有黑色的纹路就代表其品质不佳，而业内人士却不这么认为。紫檀跟别的红木比如红酸枝、黄花梨等相同，均有纹路，纹路是自然形成的，对其价值丝毫不会造成影响。

2. 木材的密度与紫檀家具价值的关系

紫檀木由干生长的地理位置是不一样的，所以在密度上就会出现差异。例如，长于山阴的紫檀木木材密度就会比其他的要高一些。紫檀木材的密度越高，其质量就会越好。因此，在对同样款式的家具进行挑选的时候，要尽量挑重量大的紫檀木。

紫檀直棖卡子花架子床　清代

长218厘米　宽140厘米　高223厘米

此紫檀架子床造型简洁干练，床座为四面平结构，束腰，直牙条以抱肩榫结合腿足，腿足大挖香蕉腿。床座硬屉，边框内缘踩边打眼装席。六根直立角柱下端做榫拍合床座边框上凿的榫眼。承尘四边装挂檐，中有直棖矮老上下格间嵌入。床座上的三面围子做榫入角柱，直档攒接，上围装双环卡子花。此架子床简洁稳重，受明代家具风格影响较深，应为清早期的明式家具。

❀ 紫檀家具的珍稀价值

紫檀木中"十檀九空",且其生长速度极其缓慢,可以使用的部分仅有空洞和表皮之间的部分,可以说,仅仅有 15%～20% 的使用率。其实,对于小叶紫檀而言,其原材料的定价取决于直径和长度。一根大概长度为 300 厘米、直径为 30 厘米的小叶紫檀,2014 年上半年的市场价格高达 200 万元。

除原材料的稀缺和昂贵外,紫檀家具在制作方面也非常耗时。有工匠曾表示在制作四合院里摆放的紫檀家具时,一套四合院家具,需要上百名的技艺精湛且熟练的工匠花费一年以上的时间才能完工。

另外,紫檀家具的价值还具体体现在紫檀家具的文化内涵和历史内涵方面。广州艺术博物院陈列着一件叫作"紫檀嵌五色玻璃雕龙凤纹多宝槅"的家具,这件紫檀家具上镶嵌的五色玻璃其实代表的是五色国土,柜角的位置还用铜包了角,

紫檀方几　清代
长54厘米　宽40厘米　高95厘米

紫檀嵌螺钿夔纹香几　清代
长37厘米　宽37厘米　高79厘米

紫檀圈椅　清代

宽66厘米　深77厘米　高101厘米

此椅通体为紫檀木制，官廷椅造型，装饰华丽美观。椅圈弧度比例协调，背板被分成三部分，上部浮雕龙纹，雕工细致；中部留堂镶平板；下部开券口式亮脚浮雕卷草纹。背板上下都浮雕龙纹，把手前部兜转有力，旁边镂雕龙纹。座面攒框镶板，有束腰鼓腿膨牙，内翻卷草纹足。下踩托泥，带龟脚。

是"江山永固"的象征，而"凤在上，龙在下"的精美雕刻当然是清朝慈禧时代"诞生"的紫檀产物。还有，柜子上面还雕刻着六十只仙鹤的花纹，其实这足以表明了这件家具是当时的地方官员为庆贺慈禧六十大寿送来的礼物。

紫檀高束腰三弯腿香几　清代

直径51厘米　高79厘米

紫檀为材，圆台面，内凹，这样设计使香炉安放更为稳当。高束腰，膨牙板，下承五条秀丽的三弯腿。近足处有外方内圆的几面枨。雕饰满身，运用镂雕、浮雕等技法，在束腰和牙板上饰云龙纹、勾连云纹、夔纹、莲瓣纹及缠枝莲纹。造型挺秀，纹饰典雅。

在广州东风东路的藏宝阁中，就有不少雕刻精美的紫檀家具。其中，最引人注意的便是一个龙椅，两对凤椅。在龙椅的上面，刻有61条龙。业内人士称，这个龙椅十分有可能是清康熙皇帝当时坐过的龙椅。因为民间老百姓绝对没有胆量在椅子上雕刻这样的五爪龙。业内人士也称，若可以证明它是有200年历史的紫檀老物件，那么它的价格就有超过一个亿的可能。

与别的收藏品相比，紫檀家具更具有观赏性和实用性。紫檀家具价格上涨不只是因为紫檀原材料原本就十分稀少，致使紫檀家具的产量始终较低，还因为随着经济的发展，人们的收入也在提升等因素也导致紫檀家具在价格方面涨了很多。

现在的红木市场上，紫檀家具的价格走高，每吨的平均价格约为120万元。与别的红木价格倒挂，"补涨"要求非常强。

但是，由近年来的行情看，紫檀的价格跑在了黄花梨价格的后面。尽管如此，紫檀因具备产区小、成材周期长、存量少等特征，再加上紫檀的产地国——印度对于紫檀出口严格控制等"物以稀为贵"的因素，原本就十分珍贵的紫檀一定会有一个"补涨"的势头。另外，红木材质例如红酸枝等的上涨态势，也会对紫檀价格进行"托升"。还有一个重要因素，大家千万别忘记了，即现在红木家具价格与原材料价格之间也促使"倒挂"现象形成。也就是说，紫檀家具的涨价幅度比木料的涨幅低得多。

若由市场的规律而言，一种商品的价格总是和其原材料呈正相关的关系或呈正比例的关系。业内人士曾做过这样的预测：紫檀家具在

紫檀海水龙纹官皮箱　清代

长43.5厘米　宽36厘米　高42.5厘米

此箱以紫檀为材，其形制为明代开始流行的官皮箱造型，而规格明显增大。由底托、双门柜和盖三部分组成。顶部有格，双门内有五屉，设计巧妙，功能复杂。正面雕双龙戏珠主题纹样，辅以海水江崖和灵芝祥云，将龙的威猛表现得淋漓尽致，工艺繁杂，非名匠不能为也。铜质配件均为旧装，如意形盖扣，两侧安提手，品相一流，包浆润泽。

不远的几年时间里还应该会上涨 3 ～ 4 倍。

　　如果认真地翻阅一下各大拍卖公司的名录，我们就很容易看到，以紫檀作为主打的红木家具早已被人们视为"宠儿"。北京保利拍卖公司举办的"海外藏中国古典家具夜场"，北京匡时拍卖公司推出的主要是紫檀家具的"宫廷家具专场"，以及中央电视台热播的《紫檀王》都给热潮中的紫檀添上了一把火。

紫檀龙纹箱　清中期

长38厘米　宽18厘米　高8厘米

此箱呈长方体，通体以紫檀木制成，箱盖与箱体相互扣合，中央为上下两面圆形铜拍，箱身及顶部雕饰云龙纹，气势凶猛，刀工犀利，线条流畅，纹饰繁而不乱，雕琢细腻。此紫檀木色调深沉，显得稳重、大方、美观。

　　有业内人士称，赏玩紫檀家具的妙处就在于其雕工十分精美。因紫檀木质紧密，雕刻能够做到十分复杂，并且大部分的紫檀家具为宫廷制品，这也直接决定了紫檀家具价格会比其他材料的家具高出不少。可以说，不少人已经看中了该领域的保值、增值趋势，紫檀家具因此成为市场关注的焦点之一。

　　在进行紫檀收藏的时候应该着重"看三点"。由于紫檀很少能出大的料子，人们也有"十檀九空"的说法，所以，紫檀家具的料子越大，紫檀家具就会越稀有。与此同时，那些属整料而成没有拼凑的紫檀家具是最好的。收藏紫檀家具时，除了看重"大料"外，雕工也非常关键。

紫檀香几　清代
长49.5厘米　宽42厘米　高88厘米
此几采用珍贵紫檀木制。几面攒框平镶拼接面板，面下束腰开炮仗洞，牙条与腿足棕角榫做成。足底装罗锅枨。边抹、托腮、牙条、腿足、罗锅枨都采用劈料做法。制作工艺精湛，保存完好。

要知道，工艺水平的高低对于紫檀家具的决定性，比黄花梨家具要高出很多。除此之外，还要看紫檀家具的"年代"。在如今的市场上，清乾隆时期的紫檀家具在价值方面是最高的。这是由于该时期的工艺水平比较高，而且清乾隆时期独特的审美情趣与现代的审美观更为符合。

　　除上述方面外，紫檀种类对价值也有影响。如果在收藏市场中谈及紫檀分类，有不少卖家会说一长串，比如，海岛大陆紫檀、黑金檀、新金檀、小叶紫檀、大叶紫檀、红檀和科檀等。但是，究竟哪一种紫檀木在价值方面最高呢？实际上，小叶紫檀是紫檀中的精品，因为其棕眼较小，密度较大。最优的是印度紫檀。

和玉石收藏近似的是，紫檀收藏中也有"老料""新料"之别。业内人士称，"老料"一般指的是那些放置了不少年的天然林或木料，但这样的料子在市场上已日益少见。现在的紫檀家具，除明代老家具和清代老家具外，已很难看到老料了。现在有不少标榜"全场老料"的商店，收藏爱好者们必须小心谨慎。

紫檀尊贵大气，沉穆古雅，充满了东方的古典美感，与带鬼脸纹的黄花梨相比，紫檀纹理尽管没有那么大的视觉冲击力，但其材质结构致密，细腻均匀，耐腐蚀力很强。特别是紫檀木材的稳定性最佳。通常来讲，红木家具会因为湿度和温度变化的影响，因吸湿而出现膨胀的现象，因解湿而出现收缩的现象，人们称其为"涨缩性"。曾经有人进行过实验和统计分析，在受到干燥处理后的 100 多种木材当中，只有紫檀木材几乎可避免变形和开裂的现象发生，可以将原有的尺寸和原有的形状保持住，可以说紫檀木材的涨缩性是最优的。因为紫檀具备涨缩性小的优点，所以紫檀木材还成为了很多精密测绘仪器之木质部分。

紫檀不仅具有生命力，而且还带有灵性。紫檀家具会让人感觉到一种难得的亲和力，并且抚摩起来会让人感到非常舒服，光滑温润，妙不可言。有人曾经将这种感觉形容为好像抚摩出生婴儿的肌肤一般，不过也的确是这样的。如果更深层次地讲，紫檀则属一种文化，应该说是我们国家传统文化的宝贵结晶。而用紫檀制作出来的老家具，所反映出来的自然情趣和人文价值的高度是现代家具根本就无法相比的。

正是由于紫檀这样珍贵，所以不管是国内还是国外，正兴起紫檀家具收藏的热潮，经常有紫檀工艺品和紫檀家具以高昂的价格拍卖，略举几例可见一斑。在 1996 年的时候，仅一对紫檀木瓜形棋子盒拍得的价格即为 11000 美元。在 2003 年香港苏富比拍卖品当中，有一件清代 18 世纪御制紫檀浮雕梅花纹束腰长条桌，这张长条桌的桌面尽管显得简朴，但是其支架的部位却雕刻着瑰丽的花纹，扭曲的树干及枝叶相互辉映，如同一尊雄伟而华美的雕塑，非常不容易看到，它的估价在 600 万港元到 800 万港元。在美国嘉士德拍卖行，也曾经有一件清中期紫檀宝座，最终拍得的价格达上千万。在 2013 年 9 月的拍卖中，有一张清乾隆紫檀罗汉床，与法国洛可可风格的装饰非常相似，根

紫檀大画框　清代
宽91厘米　高141厘米

紫檀小药箱　清代
长31.5厘米　宽21厘米　高29厘米

据业内人士分析，它也许是为了与那个时候的圆明园欧式建筑相配合而定做的，这张罗汉床的估价在 50 万美元到 70 万美元。

紫檀就像矿物资源，采掘了几乎不会有再生现象，即使是紫檀树的再生成材至少也得等到数百上千年以后了。所以说，紫檀木材的资源足能用四个字来形容，即"珍稀奇缺"。紫檀树的生长，不像我们国家东北地区的白松、红松整片成林地生长，而是在热带雨林中以个体散落的形式进行繁衍。所以，人们寻找和采伐起来都非常不容易。再加上我们国家的紫檀，因皇室极其偏爱，早已在清朝的时候被采光了。大体来讲，亚洲热带雨林中的紫檀已经被采伐殆尽，面临枯竭的状态，就仅剩下东帝汶还有一片比较大的紫檀木林。亚洲热带雨林的主要分布地带为印度西南部、南沙群岛、东南亚、菲律宾和印度尼西亚等地。东帝汶的面积尽管只有 18000 平方千米，但是因保护得好，有大片的森林覆盖着，才使其中的紫檀树保存下来。

一些生长着紫檀树的非洲国家，例如莫桑比克、利比里亚、安哥拉、马达加斯加和尼日利亚等，以及印度洋上的岛国和大洋洲的巴布亚新几内亚，都具有十分高的森林覆盖率，有的甚至超过了 70%。蕴藏的木材也非常丰富，其中就有紫檀，但因为经济、技术、社会治安、政治、战事和交通运输等方面的缘故，有的采伐起来十分艰辛，有的已经限制采伐，有的森林采伐已经严重受阻。所以，不管从哪一角度而言，紫檀木的来源已经十分有限。也正是因为如此，资源十分稀缺的紫檀收藏价值就更高了。

紫檀家具的鉴别

紫檀家具的新品，一般紫檀木密度大，油性强，色泽、天然纹理非常养眼。一般在成器后表面作传统的、无色透明的烫蜡处理，保留紫檀木的天然本质。家具表面材色呈紫黑色或紫红色，纹理不乱，花纹非常少或接近于没有花纹和纹理，细密的S形卷曲牛毛纹或金星金丝可见，若用60～100倍的放大镜可见其管孔内充满金色的紫檀素，犹如星空万里，星光闪烁。

有的工厂将紫檀木与老红木（指柬埔寨、老挝、泰国、越南产的交趾黄檀）混用。不是经验丰富的行家，一般是难以识别的。老红木一般放在家具不明显处，其黑色条纹宽大明显，花纹可见，少有金星金丝。

若涂有改变木材本色的漆或蜡，或故意作旧而看不清材质，十有八九为假或混用。

紫檀的古旧家具，若被放在不见阳光，远离窗户或大门的地方，一般还能看到其本色及纹理，易于鉴别。乾隆花园中的倦勤斋内的装饰几乎全用金星，经历近三百年，仍为紫檀的本色——紫红色，金星金丝非常明显。若年限太久或置于窗户、大门附近，常有阳光照射，紫檀家具表面则会产生灰白色，不容易识别。但其细腻光滑如肌肤的手感及纤丝如绒的卷曲纹是别的木材不可能替代的。经擦拭上蜡后，其沉稳高贵的本质会展露无遗。

▨ 紫檀家具作旧、补配或作伪的常见方法

紫檀作旧在明清家具中是较容易的一种，主要因为紫檀生长周期长、密度高、油性大，容易产生所谓的"包浆"，经过人工处理以后，表面变成旧色的时间也短，不容易被人察觉。

紫檀有束腰马蹄腿变体顶牙罗锅枨大方凳　清早期
边长57.5厘米　高57.5厘米

1. 作旧与补配

家具主要部分采用旧家具残件，也有将一件家具一拆为二、一拆为三，如一只圈椅的椅面、靠背、圈可以各自另组一件圈椅，其余所需材料都可以按照残件的标准色泽进行作旧处理。

绝大部分或主要部分均为旧件，极少部分或少部分后配，进行着色处理以后，几乎很难被发现。

紫檀表面作旧的主要方法：将紫檀家具或部件，放在石灰水池中浸泡5～10分钟，表面很快变成灰白色，且颜色一致；用双氧水擦拭或浸泡；用硫酸咬蚀紫檀家具腿部或其他部分，造成长久受潮而腐朽的假状，通常上部呈浅灰白色，下部呈深黄色腐朽状，色差明显；用中草药熬汁涂抹紫檀家具表面；把紫檀家具置于露天的地方，让雨淋日晒，或定时泼水，让其自然氧化变色；把紫檀家具放在破旧的仓库或油烟熏烤的厨房，以加速变旧老化。

2. 作伪

作伪是指用近似于紫檀色泽、比重、纹理的老红木或其他木材冒充紫檀制作家具。如用泰国产老红木、卢氏黑黄檀（即所谓"海岛性紫檀"）、贝宁与缅甸产苏木等直接制作家具用以冒充紫檀家具。

主要部分采用紫檀，其余不显眼的地方用老红木或其他木材而不标注。

表面采用紫檀贴皮，胎骨用硬杂木或其他材料。

用碎料粘接成部件。紫檀家具不补是非常困难的。颐和园、故宫的紫檀家具也有一些有补，但只在极个别的地方，尽量少补，补也要

紫檀嵌象牙"二甲传胪"插屏　清乾隆
长23厘米　宽11厘米　高31厘米

选色泽、纹理近似于周边紫檀的木料，差别不能太大。若整个面或腿及其他部件均采用碎料及化学胶粘接，那就不是正常现象，应归入作伪之列。

明代李日华的《味水轩日记》中记载了一个明朝古董作伪的故事："贾从杭回，袖出一物，乃拾入土碎玉片，琢成琴样，高五寸，阔二寸五分，厚三分。盖好事者用为之臂阁之玩耳。贾曰是三代物，侯伯所执圭也。不知圭形锐首平底，典重之极，岂硗礴若是，又何用肖为琴形耶？自士大夫搜古以供嗜好，纨绔子弟翕然成风，不吝金帛悬购，而猾贾市丁任意穿凿，架空凌虚，几于说梦。"紫檀及紫檀家具在中国文明史中占有不可替代、崇高的地位，由此而产生的紫檀文明有待我们进一步地深入研究与发掘。非常遗憾的是，大量优质的紫檀资源被任意锯解，制作成垃圾式的所谓紫檀家具。有的人将紫檀放入石蜡及配制的其他化学溶剂中浸泡、蒸煮，宣布所谓"无伸缩缝"家具的时代来临了，使紫檀失去了其自然天性，似塑料，为世人所不齿。

　　一些收藏家及紫檀爱好者不论艺术、造型而仅注意紫檀木本身，见着就收，也加速了紫檀艺术的堕落与衰败，助长了作伪、作旧之势。

紫檀雕龙凤兰竹纹多宝槅

淘宝实战

TAOBAO SHIZHAN

紫檀家具的投资技巧

❊ 紫檀家具的挑选

1. 看材质和色泽

由于紫檀木生长的地理位置不同，密度上也会有差异，如生长于山阴的木材密度会更高一些，密度高的木材质量会更好。因此，在挑选同样款式的家具时，应挑重量大的。

紫檀嵌沉香人物故事砚屏（正反面）　明代
长10厘米　宽8厘米　高24.5厘米

木材的干燥处理是十分关键的一个环节，直接决定家具的品质。刚制作完毕的家具很难看出其材质处理过程中的缺陷，但随湿度和温度的变化，没有经过很好处理的木材缺陷就会显现出来。常见的问题有：木材的变形和开裂。特别是将紫檀家具从自然环境放入空调房间，或是将南方的紫檀家具运到北方，都容易发生这类问题。

因此，在购买紫檀家具时，不用急着购买新制的，应购买已经放置了一段时间的家具。一般从家具的色泽上能看出制作时间的长短。新鲜紫檀的色彩为深紫红，暴露在空气中半年以上的紫檀基本就转为紫黑色。

关于紫檀的色泽，传统上都认为贵黑不贵黄，因此购买紫檀家具时，不要选色泽偏黄的，应挑选深紫红偏黑的。

紫檀树瘤笔筒　清早期
口径21厘米　高21厘米

紫檀夹头榫酒桌　明代
长78厘米　宽32厘米　高81.5厘米
此酒桌以紫檀木制成，桌面以标准格角榫造法攒边打槽装纳独板面心，方腿上端打槽嵌装船边的牙板，桌脚间安两根梯枨。

2. 看外形和结构

紫檀家具的外形、结构在图纸阶段就决定了。一些大型紫檀家具的结构设计，稍有不慎就会造成成品的失败。如有的紫檀案子，由于重力原因，桌面向下弯曲，两边翘起。这就是因为没有设计好框架而造成的。

家具一旦合到一起，结构就很难看到了。但从一些部位还是能知道家具的牢固度的，如档子的多少和粗细。

看外形的第一步是观察家具的对称性，如椅子的腿、牙板、扶手是否对称，家具在平整的地面上是否晃动。第二步看平整度，可以用手抚摸家具的表面，手感要比视觉敏锐，桌面很小的不平整都能摸出来。第三步是看家具的内侧和背面是否与正面一样干净、工整。第四步是拉动橱柜和抽屉等活动部位，测试家具的精确度。第五步是测试藤面的弹性、牢固度，可以用手用力拍打藤面来观察藤和木料结合部位的穿插方法。

紫檀雕方几　清早期
长35厘米　宽26厘米　高13厘米

3. 看雕刻

雕刻是紫檀家具附加值的体现，是挑选紫檀家具必须经过的步骤。有着上佳雕刻的紫檀家具会有较好的增值潜力。

看雕刻的步骤为：第一，看雕刻是否与家具协调。如有的家具轮廓多为弧形，却用方正的回纹，这样就会造成视觉的不协调。第二，看平整度。可以用手抚摸雕刻表面，看有无毛刺。有的家具看起来雕刻繁杂密集，但却制作粗糙，图案高低不平。第三，看雕刻的自然度。如一些根据花鸟画改做的雕刻作品，要观察花卉、枝叶的穿插是否自然合理，是否能够很好地表现出物体的层次和前后关系。

紫檀雕花太师椅（一对）　清中期
长64厘米　宽49.5厘米　高108厘米

4. 看磨工

由于紫檀密度很高，所以经过打磨都能获得镜面般的外观。紫檀的外观与材料的干燥处理有着密切的关系。用手抚摸家具表面，若细腻润滑，那么打磨就过关了。质量上佳的家具的各个部位都会仔细打磨。所以，检查家具的磨工时，要摸其各个拐角、枨子、纹样等处。

5. 防假冒

民间很少知道紫檀的年代，有人拿着其他木料号称是紫檀。若没有见到过紫檀，确实很难判断。由于紫檀材料短缺，获得紫檀的途径多来自旧紫檀家具，于是就有人将裁成薄片的紫檀贴在其他硬木制成的家具外面。

也有人用新的紫檀仿制古家具或小件，然后作旧。这些作旧无非是做好家具以后，用麻绳磨、用石灰水洗、在太阳下曝晒等，最后将家具表面搞得破旧不堪。紫檀古家具若保存好的话，外观还是相当好的。看上去过分破旧的紫檀家具反倒可疑。

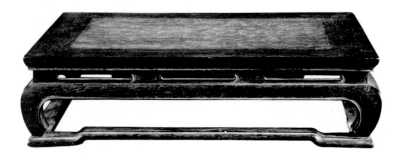

紫檀镶瘿木香几　清代
长30厘米　宽23厘米　高7.5厘米

▨ 紫檀的价格

紫檀木在色调方面呈现紫黑色，古典而深邃，还有着淡然的香味，条纹明显有致，较有光泽，没有痕疤，是制作高档艺术家具的好材质。目前，市面上的紫檀木家具较少，并且还有很多造假现象。在此，通过最新的紫檀木价格来对紫檀木家具作进一步的了解和认识。

1. 小叶紫檀价格

紫檀木分两大类，即大叶紫檀和小叶紫檀。其中，小叶紫檀是紫檀中的精品，色泽开始的时候是橘红色的，木纹并不明显。一般的小叶紫檀做家具的机会要多一些。然而价格究竟会怎样得看是什么了，通常用小叶紫檀制作而成的装饰品为四五千元，若是用小叶紫檀制作而成的家具价格就要贵一些，通常情况下，正宗的小叶紫檀家具价格均会超过 5 万元，而成套的小叶紫檀木家具要超过 10 万元。

紫檀起线三足笔筒　清早期
直径19.4厘米　高18.8厘米

紫檀官皮箱　清早期
长36厘米　宽27厘米　高37.5厘米

2. 紫檀木手串的价格

通常情况下，紫檀木是人们用来制作艺术品的好材质，这是由于紫檀木本身就带有香气，并且其本身的材质较为良好，因此人们拿紫檀木来制作手串的时候较多，通常紫檀木手串的平均价格为数百元，比较好一些的紫檀木手串在价格方面相对而言会贵一些。

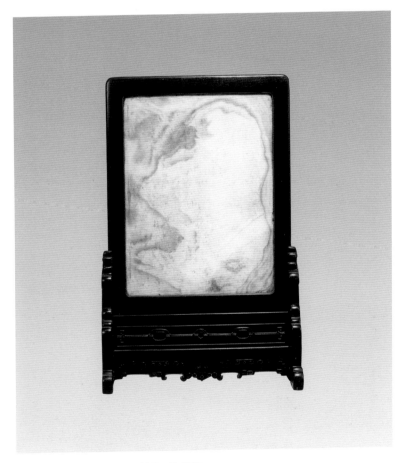

紫檀框嵌"室上大吉"云石插屏　清早期
长61.7厘米　宽28厘米　高93厘米

▨ 紫檀的潜在价值

在 2010 年的时候，古典家具的热潮又起，用黄花梨制作而成的家具完美演绎了"疯狂木头"的传说。在秋拍中，一把"明代宫廷御制黄花梨交椅"最终以 6200 万元的价格成功交易，当然这也成为了现在中国古典家具拍卖的最高价。而让人意想不到的是，一向有"木中王者"之称的紫檀家具在 2009 年的涨幅情况相对而言却很平稳，也没有抢眼的行为。

虽然如此，但业内人士则称，20 世纪 90 年代，市场上黄花梨家具涌现，并不是什么新鲜的事情，这是由于黄花梨家具的存量相对而言比较大，民间老百姓的使用也非常广泛；但是若出件紫檀家具就一定会成为稀缺品，因为大部分紫檀家具均为清

紫檀龙纹大镜匣　清早期
边长45厘米　高18厘米
此镜匣匣体四角包铜，正面带一长方形抽屉，可用于置放梳洗装扮用具。屉面设有铜拉手，底置四内翻马蹄。镜架以榫卯相连，架面设荷叶形镜托，以卡铜镜之用，支架可折叠，余处镂雕草叶龙，面板正中开光饰海棠花，整器造型玲珑有致，富有灵气。

紫檀笔筒　清早期
直径16.8厘米　高16.9厘米

紫檀龙纹炕桌　清早期
长85厘米　宽34厘米　高28厘米

宫御制，基本不常见。

　　紫檀木、铁力木、黄花梨木和鸡翅木被人们并称为"中国古代四大名木"。在古典家具中，紫檀的价格是最贵的，其次就是黄花梨。

　　在 2010 年年初，紫檀在国内一级市场和国内二级市场的领先地位都遭到了些许挑战。在国内一级市场，黄花梨报出的价格就远远领先于紫檀。据福建的红木家具龙头连天红 4 月 1 日报出的价格，一千克的越南黄花梨价格是 4499 元，而一千克的小叶紫檀价格是 2899 元。在二级市场，在 2009 年中国嘉德秋拍的"清乾隆黄花梨云龙纹大四件柜一对"最终的成交价是 3976 万元，一下子也将 2008 年中国嘉德春拍的"清乾隆紫檀束腰西番莲博古图罗汉床"成交价（3248 万元）之纪录刷新了。

虽然紫檀的价格低于黄花梨的价格，然而，有业内人士却看到了紫檀的潜在价值，并称，一个品种只要有了数量方面的支撑，就不难对其价格进行炒作。由于黄花梨本身的存量大，而用紫檀制作而成的紫檀家具却不同，其存量较少，拍卖行也非常不容易收集，所以行情启动自然要晚于黄花梨。不过，也正是由于紫檀家具的量非常稀少，故紫檀家具在拍卖的时候在价格方面会有更大的大幅上涨的可能性，并且紫檀家具价格下跌的可能性较小。

其实，紫檀家具的潜在价值在于其宫廷属性方面更有所体现。宫廷御制让紫檀家具有了更为独特的历史文化价值。虽然说我们国家的这些古代器物本身十分平常，但一旦被帝王青睐，其身价就会增长百倍。当然，紫檀家具也不例外，清朝的皇帝们偏爱紫檀，也直接提高了紫檀家具的工艺水平，从而使其潜在价值更高。

另外，业内人士称，古典家具投资及收藏的独特魅力还在于，你买一件古典家具花 10 万元，在把玩了一段时日后，即使你再想以 10 万元的价格将其卖出去，你仍然会觉得自己收获不少。紫檀家具的赏玩之精妙处在于其雕工精美，因为其具有紧密的木质，雕刻起来可以收放自如，更加符合现代人的审美情趣；再加上大部分的紫檀家具为宫廷制品，这自然也就决定了紫檀家具的层次会高很多。

不得不说，如今人们对古典家具的需求旺盛，尤其是紫檀家具有着不凡的潜在价值。一方面，紫檀家具具有很高的收藏价值；另一方面，紫檀家具有实用功能，还能够一代代地传下去。所以已经有不少人看中了紫檀家具的保值作用和增值作用，正因如此，紫檀家具得到了市场的广泛关注。

❈ 紫檀家具升值的三大因素

纹理细腻致密，质地如缎似玉，色泽沉穆而又肃静，庄重而又美观的紫檀家具诞生于明代，从那时起，紫檀家具就成为了不少追求生活品位的专家学者和成功人士的宠儿。紫檀家具自问世以来，始终均为价值不菲的高档家具，从数十万元起步，到百万元，再到千万元的紫檀家具都有，有很多紫檀家具爱好者都将紫檀家具作为投资和收藏的佳品。其实，紫檀家具的升值有三大因素，具体介绍如下。

1. 历史传奇

根据历史典籍上的有关记载得知，尽管我们国家最早的诗歌总集《诗经》中就写了"坎坎伐檀兮"这样的句子，但到明朝开拓南疆，郑和率舰队七下西洋，和南洋各个国家建立了贸易和朝贡的关系，大量的紫檀这才流入我们国家，由于明朝大量收购紫檀，成材之树被采伐得也几乎没有了。

清中叶，朝廷也曾经派官员赴南洋对檀木进行采办，但是大部分的檀木粗不盈握，还没能成材，就不得不放弃了。所以，清代皇家制作家具所用的紫檀木料，均为明朝的皇室存留下来的。到了后来的时候，檀木紧缺到不得不从私商的手里以高昂的价格买入，按照那个时候不成文的规矩，不管是哪一级别的官员，只要见到紫檀木都不会轻易放过的，都会全部买下，然后上交给皇家织造机构，这样一来，民间私藏的紫檀木料就荡然无存了。

2. 血统高贵

紫檀，是世上最珍贵的木材之一，大部分产在南洋群岛的热带地区，因见者不多，数量稀少，所以被世人珍重。虽然说我们国家的广东、广西也出产紫檀木，但数量很少。印度的小叶紫檀，还叫作"鸡血紫檀"，是现在人们所知的最为珍贵的木材，在紫檀木当中的级别也是最高的。目前，最大的紫檀木在直径方面只有 40 厘米，生长周期是上百年，由此可知其珍贵程度。

紫檀色泽赤而显尊贵，质地坚硬而富弹性，纹理富丽致密，如果经过人工打蜡和磨光以后，根本不需要漆油紫檀木质表面，就会显现艳丽的光泽，如同缎子一般。

最贵的中国古典家具是一张 18 世纪的中国桌子，1994 年的时候它在纽约索思比拍卖行所拍的成交价是 3545 万美元。现在，美国最昂贵的中国古家具所用的制作材料为紫檀和黄花梨木。

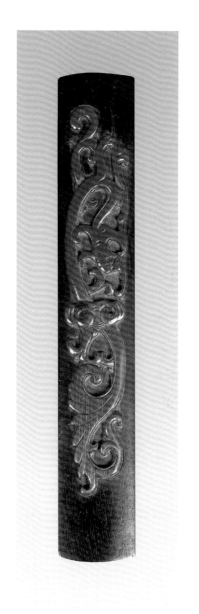

紫檀镶竹螭龙纹臂搁　清代
长25.3厘米　宽4.2厘米

3. 潜力巨大

　　紫檀家具的市场前景非常美好。身为"木中之王"，紫檀木不仅有很好的柔韧性，而且有很高的硬度。近些年来，光是紫檀材料的价格就上涨了两倍到五倍。除此之外，因紫檀家具制作工艺上有不少特别之处，所以人工成本也是一年比一年高。所以说，即使是那种新做的紫檀家具，包括部分明清紫檀家具的仿制品，价格每年也都在涨。尤其是紫檀家具根本就没有折旧，有一部分使用了几年的红木家具，店家还表示愿意加百分之二十到百分之三十的价进行回收，由此可见，紫檀家具的潜力很大。

紫檀龙纹盖盒　清代
边长15厘米　高17厘米

❖ 小叶紫檀和大叶紫檀的收藏价值

在近些年来，有不少追随者和收藏者都开始追捧紫檀。而贵为印度小叶紫檀，非数百年无法成材，正是这种资源的稀缺性让它变得比黄金还贵。尽管现在已经很不容易找到正宗的小叶紫檀了，然而放眼整个紫檀家具市场，不同种类的"檀木"却很多见，有些尽管和小叶紫檀是同一科的，但在价格方面却相差很多。

有一种产自于非洲的、与小叶紫檀是同一科的树种，其迷惑性非常强。其中，知名度最高的当属源自于非洲马达加斯加的卢氏黑黄檀，人们常常称其为"大叶紫檀"。

在明朝和清朝的时候，紫檀只为皇室所使用，民间少有，但也能零星地看到。这是由于在清代，特别是在乾隆的时候，全国的通商口岸均是关闭的状态，仅剩下了广州的十三行。在那个时候，东南亚进口的一切木材，紫檀也被包括在内，运来我们国家的首站均在广州，商人会按照紫檀材质的好与坏对其进行分类，将一等品运至北京。尽管大部分的紫檀全部用来进贡了，但是也不排除有部分材质不好的木材留于广州。所以说，在民间找寻明清时期的紫檀家具只有"捡漏"的运气；若要收藏当代的紫檀家具，就该谨慎分辨赝品了。

正宗的小叶紫檀，若其直径为20厘米且是不空的，就已称得上极品了。由于小叶紫檀的生长速度十分缓慢，经过七八年的时间才会长一圈年轮，而大叶紫檀却具有快得多的生长速度。因此，大叶紫檀的价格仅仅是小叶紫檀价格的四分之一。

❈ 紫檀家具如何断代

紫檀家具的收藏者和爱好者们在选购新旧紫檀家具的时候，应该掌握紫檀家具断代的技巧。并且像这样的高级藏品，我们根本不可能像木材学家那样采取相应的科学方法进行综合性的鉴定，当然也不可能锯下一块木材，然后送至相应的专业检验机构进行检测，我们只能凭借传统的经验对其进行识别和判断。

我们先来说说紫檀家具新品的断代。

第一，紫檀木的天然纹理、色泽十分养眼，且密度大，油性强。通常情况下，人们会在紫檀木器物表面实施无色透明的、传统的烫蜡工作，从而将紫檀木无与伦比的天然本质保留住。紫檀家具纹理不乱，表面材色呈高贵大气的紫黑色或紫红色，花纹非常少或接近于无花纹与纹理。我们可见的是其金星、金丝或细密的呈现 S 形的卷曲牛毛纹，若采用 60 倍到 100 倍的放大镜就能够看到其管孔内充满着的金色紫檀素，就像万里星空闪烁着美丽的星光。

第二，有的工厂混用老红木（指越南、泰国、老挝、柬埔寨产交趾黄檀）和紫檀木。通常情况下，不是实践经验丰富的行家不容易进行识别。一般情况下，老红木放在家具不明显的地方，其花纹可见，有宽大明显的黑色条纹，无金丝和金星。

第三，若涂有改变木材本色的漆或蜡，或者刻意将其作旧而看不清材质，则几乎全是假的或者混用的。

我们再来说说古旧紫檀家具的断代。

通常情况下，在经过上百年的使用和存放以后，紫檀家具会出现下面两种不同的情况。

紫檀镶楠木亮格柜　清早期

长103厘米　宽48厘米　高197厘米

此柜亮格与柜子连成一体，上格三面开窗，两侧及后背安牙条，圈口内侧边缘皆起阳线。柜门正面打槽装板。正中可开，上装铜合页与铜锁鼻和拉环。柜内有二屉，使柜分上下两格。柜下有屉板，中部留有空间。屉内侧三面安素面圈口，屉板下安素牙条。柜除柜门板面、后板、屉板等用楠木外，余皆用紫檀。此格柜造型规整，简练圆浑，选料甚精，制作考究，显示出工匠的高超技艺。

第一种是放在不见阳光远离大门的地方或放在不见阳光远离窗户的地方，紫檀家具通常还可以看到其纹理及本色，这样就很容易进行鉴别。

第二种是若紫檀家具经历的年限太久或被放在离大门及窗户不远的地方，且经常有阳光照射，那么紫檀家具表面的颜色就很容易变成灰白色，这样一来，就不容易识别。但是，紫檀木材纤丝如绒的卷曲纹及细腻光滑如同肌肤一般的舒适手感是其他类型的木材无法比拟的。经擦拭上蜡后，就会淋漓尽致地体现出其雍容华贵、沉穆的本质。

有些人总是坚持认为，紫檀木有新紫檀木和老紫檀木之分。新紫檀木在用水浸泡以后会掉色，而老紫檀木用水浸泡后则不会掉色；新紫檀木上色不掉，而老紫檀木上色后则会掉落。其实，只要是豆科紫檀属的木材在被水浸泡以后或被酒精泡过之后，均会出现荧光反应。原因很简单，紫檀素非常容易溶于酒精，出现十分耀眼的红色。例如，花梨木被水浸泡以后，会出现颜色为浅蓝色的如同机油一般的液体。还有从汉代到清朝大量进口国外的苏木，其树汁的颜色呈现为红色，织布的时候可用其作为染料，也可以把家具的颜色染成紫红色的。这一点并不神秘，并非区分新老紫檀木或鉴别新老紫檀木的重要标志。

紫檀木心材真正达到能够用来制作家具的是生长期在 500 年到 1000 年或更长时间的紫檀木。若从木材的成色上将其分为新紫檀木和旧紫檀木，这是能够让人接受的；若只是单纯地从商业的角度来对新紫檀木和旧紫檀木进行炒作的话，这是不可取的。

紫檀家具的投资技巧

在准备投资紫檀家具且评价一件紫檀家具的相应价值时，投资者需要结合以下提供的三点，这也可以说是紫檀家具的三大投资技巧。

第一点，看家具的“型”和家具的“出处”。可以说，这两点在紫檀家具的价值评鉴中，能够起到十分关键的作用。家具的“型”，具体指的是收藏者应该研究一件家具是否造型优美、形制独特和气韵生动。在家具有“型”的基础上，再进而对其出处进行鉴定，如果是出自王府、宫廷或由名家设计并制作的经典家具，自然会拥有不菲的身价。这里需要强调一点的是，所说的出处不是听卖家去讲什么故事，

紫檀鼓凳（一对）　清早期

直径27厘米　高52厘米

这对鼓凳以紫檀为材，呈鼓形，两端小，中间略大，形体修长。腹部镂五个海棠花形开光，边线起棱，上下沿剔地雕出两排鼓钉，形象生动，既简单又美观。整器造型别致，简洁明快。装饰无多却恰到好处，每个部位都做得相当规整精致，不落俗套，更以紫檀天然的木色纹理取胜。成对保存，较为难得，包浆润泽，宝光内蕴。

而是结合其纹饰特征、造型风格和工艺水平来小心谨慎地对家具的出处进行考据。例如 2003 年在香港拍卖过一套十二扇紫檀屏风。这件屏风的雕工十分精湛，且在雕刻常见的祥云纹饰时都真正做到了匠心独运，图案的造型组合也呈现出了象征灵芝和如意的寓意，如果只是从家具的形制来讲，可以堪称为极品。除此之外，这件屏风的出处也非常让人艳羡。原来，这件屏风原属清宫御用家具，在八国联军入侵时，被英国人掠走了，又几次易手之后，落到了美国费城的一位收藏家的手里。随后，这位收藏家委托纽约苏富比国际拍卖公司在中国香港进行拍卖，最终的成交价格竟然达到了 2300 多万元，刷新了当时中国古典家具拍卖的最高纪录。确切地讲，这件屏风比同类型屏风的价格要高出十倍还多。

第二点，家具的"年份"和家具的"工艺"。我们知道，紫檀木材在明朝的时候已经开始用来制作紫檀家具，一直被广泛地沿用到了清康熙、乾隆时期。到了清中后期及清末民初以后，开始盛行以老红酸枝木材制作的家具。而判断一件紫檀老家具的制作年代，我们不仅需要结合紫檀家具的造型与紫檀家具的纹饰和工艺，而且还要结合紫檀家具外表不同位置的风化状态，另外还要考虑紫檀家具包浆的感觉等诸多方面的因素。具有同样款式的紫檀家具，制作时期如果不同，那么其价格也会产生巨大的差异。除此之外，紫檀家具的工艺水平也是一个十分关键的因素，这是由于紫檀家具不管是从力学结构、实用要求还是外观形式的准确把握上，皆需凭借其优异的工艺来进行完美的传达。相同的紫檀材质，如果工艺有高有低，那么其价格也会不一样。

第三点，家具的"材质"。收藏或购买的紫檀家具采用的是不是

紫檀描金发塔　清乾隆
底边长12厘米　底边宽7厘米　高22厘米

紫檀嵌百宝螭龙纹花口盖盒　清乾隆
直径6.5厘米　高9.8厘米

名贵的紫檀材质，也会直接影响到一件紫檀家具的收藏价值。所以说，面对一件卖家声称的紫檀家具时，一定要做到沉着与冷静，同时还要综合分析紫檀木的纹理、色泽等方面。举个例子，在卖家允许的情况下，可以拿一把小刀将紫檀家具不显眼的位置的一小块木材表皮刨下来，再用棉球蘸酒精对刨过的地方进行擦拭，若棉球上的颜色显示为紫色，那么家具所用的木材即为紫檀。当然这种方法只是多种鉴定方式之一。

　　总之一句话，评估一件紫檀家具是否具有投资价值时，必须从紫檀家具的"型""年份""出处""工艺"和"木材"等多个因素进行综合性的评估与鉴定。通常情况下，各种关系是互相影响的，也是互为表里的。

　　除此之外，在这里需要提醒大家的是，紫檀家具爱好者们在收藏和购买紫檀老家具的时候，千万不可以抱着"捡漏"的侥幸心理。有不少收藏爱好者耗资百万买了紫檀家具，结果买到手里的通常大部分为近年来的仿制品。因此说，收藏爱好者在平常的时候必须多到大的博物馆等地方去欣赏一下那些真正的历史精品紫檀家具，然后再从有关书籍上学习知识，进行有效的分析，还可以与业内的老前辈们多多进行交流和学习，这样一来，眼界才会一步一步获得提高。紫檀家具尤其是老家具收藏投资费用较高，所以需要小心谨慎。

当前，部分匆忙进入仿古家具行业的厂家面临转行或倒闭，不过这也让企业经营者头脑变得冷静成熟。紫檀木材以及用紫檀木材制作而成的家具价格也已趋于平稳的状态，那么要不要在这样的阶段之下投资紫檀仿古家具，这一点还得根据每个人的具体资金情况来进行合

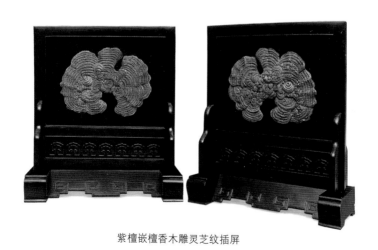

紫檀嵌檀香木雕灵芝纹插屏

理的安排，不过需要注意以下三点：第一，购买和收藏新仿的紫檀仿古家具，可以带着投资的目地而去，然而千万不可有投机的心理和行为；第二，在购买紫檀仿古家具之前，必须多多了解紫檀仿古家具的工艺、木材类别、造型，以及紫檀仿古家具的商家信誉和市场行情等，只有深入地进行了解，才不至于上当受骗；第三，购买紫檀新仿古典家具时必须本着"宁缺毋滥"的重要原则，宁可多花费一些钱对精品进行购买和收藏，也不要抱着贪便宜的心理去买很多紫檀仿古家具，这是由于只有精品的紫檀仿古家具，其升值空间才会更大，才可以真正经受得起岁月的检验。毕竟这类材质的家具价格不菲，所以必须把紫檀仿古家具的工艺质量、造型美感和艺术档次放在首位。若只是为了图个便宜，那还不如直接买紫檀木料，这样不仅便于兑现，而且也省心。

评判一件紫檀新仿古家具是否具有收藏价值和投资价值，可以结合之前我们所述的"型""工艺""木材"等几大要点来进行综合衡量。要特别强调的是，在购买紫檀新仿古家具时，千万不要片面追求雕刻方面的繁缛和华丽，而将一件紫檀新仿家具整体的韵味和造型忽略掉，其实，这个问题在爱好者的投资过程中最容易被忽视掉。并且，如今市场上的清式宫廷紫檀仿古家具中，有不少这样的问题。事实上，清式宫廷家具中最让人着迷的，就是在繁复华丽、精雕细刻的装饰中所体现的静穆庄重的整体美感，这是千雕万刻的绚丽后向宁静复归的仪态气韵，而不是用不同种类的雕饰反反复复地堆砌，从而形成密不通风且毫无气韵的冗余和烦琐。这一点非常重要，大家如果有时间，可以去故宫博物院或其他博物馆看看清代宫廷经典风格的紫檀家具，就什么都明白了。总而言之，先多看一些最好的东西，再看一些差的东西，就一眼可以分辨出来。只有自己的眼界提高了，再去购买紫檀家具时才会把握得更好。

紫檀嵌白玉御制诗文壁瓶　清乾隆
高18厘米

▒ 购买货真价实的紫檀家具的几大要点

在梵语中，"檀"的含义是"布施"，它芬芳永恒，坚实硬朗，色彩沉古。在我们国家，尤其在明末清初时，紫檀木是皇家御用之木，有着十分高贵的身份。到了现在，收藏"寸檀寸金"的紫檀木，不仅是收藏者身份与财富的象征，而且也被认作时尚和文化的行为。

在对紫檀木进行鉴别时，最基本的是要从下面的几大要点入手。

观纹路。紫檀木有着明显的纹理，人们常常称其为"牛毛纹"。紫檀木的弦切面，也就是顺着紫檀木树干主轴或紫檀木木材的纹理方向，可以看见有规则的纹理。

紫檀有束腰莲纹条桌　清乾隆
长191厘米　宽90厘米　高44厘米
此条桌桌面攒框装面心板，冰盘沿，高束腰打洼雕俯仰莲纹，雅致而巧妙，有韵律感。牙板以插肩榫与腿足结合。牙板下装铲地雕莲纹花牙，为整张条桌点睛之笔。方材腿足挖缺做，增添了艺匠意趣。紫檀沉稳的色泽与考究的造型，互相衬托的条案庄重肃穆。

掂重量。紫檀木的分量很重，且木质细密，一入水就会沉下去。

现如今，有一个最普遍的鉴别紫檀木的方法，即从紫檀木上刮下来一些紫檀木屑，然后将木屑放入酒精当中，酒精的颜色就会呈现出酒红色。

也可以找来一张白色的纸，用紫檀在这张白色的纸上划过，就会在纸上看到有红色的划痕。

还可以向家具商问清楚家具的产地。因为现在市面上有不少木材以紫檀的名义"行走江湖"，那么不妨打听一下产地，如果不是产自印度的话，就得多留心了。

紫檀提盒　清早期
长34.5厘米　宽18.5厘米　高22.5厘米
此提盒以长方框作底，两侧设立柱，以站牙抵夹，上安横梁，构件相交处均嵌铜叶加固，铜件锈迹透出浓郁历史气息。共分两层，盒盖两侧立墙正中打眼，与立柱相对部位也打眼，用以插入铜条，将盒盖及各层固定于立柱之间。

紫檀高束腰回纹马蹄腿带屉方桌　清早期
边长88厘米　高85.5厘米
此件紫檀方桌桌面攒边框装板，边抹及面心特别选用纹路一致的木料做成。形制特别之处在于，不设束腰，横枨之间加绦环板，面板与横枨之间设矮老，矮老间装板置屉，颇为精研巧制。

在选购紫檀木家具时除首先确认家具木材是否为紫檀木外，还要对其流派及工艺进行仔细的考究。在京作、江浙作及广作中，由于京作家具大部分是为皇室所打造的，所以在打磨、雕工等制作工艺方面均会卓越很多，而在价格方面自然也会更高。当然了，由于紫檀太过名贵，所以在对紫檀家具进行选购的时候，最好请专家跟着一起去鉴别。

现在以紫檀木之名进行的造假行为和勾当也很多。有业内人士称，目前最为常见的一种紫檀家具造假手段是把紫檀木切成薄片然后贴于别的普通硬木家具上。这样一来，无论是掂其重量还是看其外表和纹路，都很容易被蒙骗。除此之外，就是一定要留意名称上的混淆。因为现在有一部分人为了提高木材的身价，往往会在名称上玩花招，尽可能地往"紫檀"这两个字上靠。举个简单的例子，某种出产在非洲的木材，由于其纹路接近于紫檀，于是有人就为其冠以"非洲紫檀"的称呼。如果是根本就不知情的人冲着"紫檀"这两个字而去的话，就会吃很大的亏。事实上，就算名称中仅仅有这样一个"檀"字，也足可以将人迷惑住。据了解，除了紫檀木以外，如今的市面上还有黄檀、绿檀和黑檀等。

有业内人士称，如今冒充紫檀木的"罪魁祸首"之一便是"科特迪瓦榄仁木"。科特迪瓦榄仁木，还可以叫作"科特迪瓦紫檀""科檀"。如果用肉眼进行观察，不管是纹理还是颜色，"科檀"都十分接近于紫檀，制作成家具后用肉眼非常不容易辨出真伪。专家介绍，市场上还有一些销售商专门为它起了名字，叫"非洲小叶紫檀"。因为这种木材并不是红木，原料价格也只是每吨两三万元，而长得却非常接近紫檀，所以让不少商家动了歪念头。

紫檀有束腰三弯腿带托泥西番莲纹大扶手椅　清乾隆

长67厘米　宽51厘米　高112厘米

此扶手椅选用上等紫檀制作，四面有工。搭脑两端下弯，突出椅背正中的高耸部分，两端不出头，为南官帽椅形制。靠背板雕出西番莲纹，刀法快利，周边以枝叶流连反转的花叶纹与背板连接映对，扶手与联帮棍之间亦饰以枝叶翻转的雕花牙子。座面以格角榫攒框装面心板，乘坐宽阔舒适。牙板与腿足格角相交，四面有工，铲地浮雕西番莲纹，于四角处垂下花叶，似模仿金属包角。腿足顺势弯转，底端外翻圆雕花叶。此件三弯腿一气呵成，坐落在托泥之上。此椅紫檀构材浑厚，宝光莹润，精雕细琢，榫卯纹饰皆匠心考究，繁而不俗，端庄大气，尽显清乾隆宫廷家具之秾华妍丽。

还有一种木材也常常冒充紫檀，那就是卢氏黑黄檀。卢氏黑黄檀在价格方面仅仅是紫檀的几分之一，但是由于外表与紫檀有几分神似，又有"大叶紫檀"之称，所以也很容易使一部分不知情的消费者上当受骗。

在商家进行的有关测试中，把紫檀放入酒精烧杯后，酒精会和紫檀木中的抽提物起化学反应，无法出现荧光现象。若仅仅是单纯地看在烧杯中的颜色，不容易对材质的真与假进行鉴别，且不能排除有些木料上涂有染色剂的可能性，所以说，这种测试方法并不推荐消费者在购买紫檀家具时使用。

另外，需要注意的是，通常情况下，商家在介绍紫檀家具的时候，会利用消费者缺乏专业知识这一点，只是在口头上确保家具的确为紫檀木制作而成，但在发票上却注明"大叶紫檀"和"非洲小叶紫檀"，一旦消费者将家具购买到家以后才会发现自己上了当，往往由于证据不足，在维权方面就会变得极其困难。所以，消费者在购买紫檀家具的时候，一定要让经营者在家具购买合同上将所购家具的材质写清楚，同时，还要让对方写明木材标准中规定的正规木材名称而不是家具制作木材的俗称。

❋ 小叶紫檀的后期走势

在民间，有这样一种说法："小叶紫檀木中之王，黄花梨木中之后。"而在目前，黄花梨的木材价格却高出小叶紫檀的木材价格十倍还多。对于小叶紫檀木材为什么会产生长期滞涨的现象，业内人士称，主要有四大原因：第一个原因是，小叶紫檀在《红木国家标准》中得到了十分明确的认定，在价格方面始终贵于一般的木材，价值未被错估过，对生产企业的资金实力而言，有着比较高的要求，所以消耗量较少；第二个原因是，小叶紫檀大部分被用于进行清式宫廷风格家具的制作，像这种类型的紫檀家具，投资回报周期较长，人工成本高，而相对较少的市场消费群体也使其消耗量相对而言变得比较低；第三个原因是，印度对小叶紫檀的砍伐和开发始终都持非常谨慎的态度，

紫檀大方盒　清代

长49.3厘米　宽31.3厘米　高14.2厘米

此盒由身和盖两部分扣合而成，器、盖形制、规格基本相同。整器不事雕饰。材质高贵，板材较大，多用独木、厚木为之。整器以榫卯拼合，白铜拷边合缝独密，做工精良。

长时间以来均为定额有序的供应，并不像越南黄花梨一样无限制地进行砍伐；第四个原因是，用小叶紫檀制作而成的家具色泽沉稳、规格较大且在气势方面庄严而又肃穆，对居室的空间也有着一定的具体要求，这样一来，就使消费群体相对而言变得比较小。可以说，因上述的这些制约使小叶紫檀的需要较小，价格当然也不会迅猛地拉升。但是到了现在，在红木家具行业不断扩大的情况下，紫檀家具的市场需求明显比之前旺盛了不少。所以说，现在小叶紫檀的价格与价值其实未被市场高估，如果从木材材质的品质与价格双方面综合判断，小叶紫檀仍位于家具收藏和投资的价值洼地，那么小叶紫檀的后期走势将进入一个稳步上升的通道。对此，判断的依据主要有两个，具体如下。

依据一，从材质本身来讲，小叶紫檀十分优异，色泽沉穆华贵，纹理坚韧油润，木性坚固稳定、不易开裂和变形等重要特色都非常独特，迄今为止还没有其他木材可以取代它。且紫檀家具衍生出了一整套清式宫廷家具的文化体系、风格和工艺方法，这一点也是别的木材无法企及的。

依据二，木材的价格走势在长时间以来呈现出一种逐步拉升与轮动上涨的实际效应。两种在等级方面相近的木材及用其制作而成的家具在价格方面构成的差距，一定能够带动价格偏低的木材在价格走势方面补涨、追涨。现如今，与紫檀同等级别的黄花梨在价格方面处于遥遥领先的地位，而另一种传统家具的名贵用材——老挝红酸枝也在后面紧紧地跟随着，而从材质的优异程度而言，毋庸置疑，小叶紫檀是超越老挝红酸枝。所以说，小叶紫檀的价值具有"洼地"特征，其价格在老挝红酸枝和黄花梨的前牵后推之下，很可能会有十分美好的前景。

紫檀缂丝插屏　清代

宽34厘米　高59.5厘米

此屏屏座与屏扇之框架皆由紫檀制成，屏扇中央开光嵌黄绢，绢上以刺绣、缂丝等工艺绘"鸳鸯戏水"图，左下角有书斋款。只见青莲摇曳，浮水涟漪之间有两只鸳鸯逍遥戏水，情境动人。屏座站牙、牙板与环板皆以透雕草叶龙为饰，颇具古雅之气。

❀ 人们对投资紫檀家具存在的误解

目前，收藏和投资紫檀家具已升级为收藏界的热门领域之一。由于紫檀木生长速度十分缓慢，甚至可以说千年方能成材，并且还有"十檀九空"之说，所以就凸显出材料的稀缺性和珍贵性。紫檀木材资源的稀缺性直接决定了紫檀器物绝对不可以粗制滥用，必须认真做好每一件紫檀家具。人们常说紫檀木是红木中的贵族，也的确如此，因为紫檀木生来具有的、蕴藏的典雅和静穆气质是别的木材没有办法比的。俗话说得好，"玉不琢不成器"，紫檀木也是如此，自身的稀缺性同时再配上精雕细工，两者相互结合，才能更加充分地将其形神兼备的气韵体现出来。

紫檀玻璃彩绘花鸟图六方宫灯　清乾隆
高46.3厘米　直径19厘米

紫檀提盒　清早期
长18.5厘米　宽14厘米　高19.2厘米

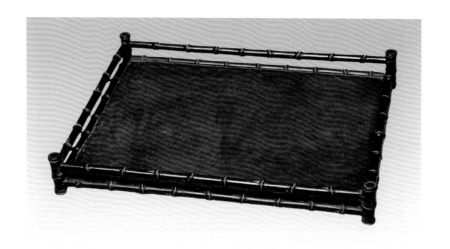

紫檀瘿木文具盘　清中期
长62厘米　宽34厘米　高6厘米

目前，有很多投资者心中存有这样的误解，收藏和投资紫檀家具，就是因为紫檀木十分珍稀。但业内人士则不这么认为，紫檀木的珍稀固然是紫檀家具价值存在的基础，但是以它为载体所承载的艺术性才是紫檀家具生命中最为关键的因素，才是紫檀家具价值真正的决定因素。现在有不少藏友受到了蛊惑，陷入了"材质论"。如果真是这样的话，我们还不如在家里直接收藏几根紫檀木头就可以了，又有什么必要对紫檀家具进行收藏和投资呢。由业内人士制作的家具，尽管并非用紫檀材质制作而成，但是也依然受到不少人的喜爱和追捧，原因就在作品体现出来的艺术性。能够获得收藏爱好者和行家的赞赏，足已说明艺术性才是紫檀家具价值体现最重要的方面。有业内人士称，行内都说的"型材艺"，再说具体一些就是，在紫檀家具中型、材、艺三者的重要性各占三分之一。然而，随着紫檀家具市场的逐渐成熟，紫檀家具的艺术性会越来越被看重。

　　对于紫檀家具而言，"高仿"和"作伪"这两个词是有区别的。"高仿"的主要特点是家具大小尺寸与明代紫檀家具、清代紫檀家具差不多相

紫檀八方西番莲转桌　清乾隆
长73厘米　宽73厘米　高77厘米

同，线脚处理、造型甚至铜件装饰也都相同，然而仅仅是形似，神韵不够。"作伪"是在"高仿"的基础上，再加以一些手段，从而实现以假乱真、以新当旧的作伪效果。明代紫檀家具和清代紫檀家具在经过数百年的流传之后，多数已经出现"包浆"现象。现在的市场上流传着这样一批家具，是属于现代的古典家具，经过作旧的处理方法以后使"包浆"现象得以形成，但是在面对消费者的时候却将其说成是明代紫檀家具和清代紫檀家具。"包浆"是历史的产物，是经年累月才会产生的。目前市场上的这种"作伪"，是对紫檀家具消费者的不负责任的表现，而且已将紫檀家具本身所蕴含着的氛围破坏掉了。同时，还将古典家具市场的良好秩序打破了。业内人士称，紫檀家具的生产企业必须在继承的基础上要有所创新才行，千万不可一味地进行复制。

事实上，对古典紫檀家具进行投资和收藏，无论是现代的紫檀家具，还是明代紫檀家具、清代紫檀家具，都应该做到细看家具的工艺，远看家具的整体造型，近看家具的神韵和雕工，是不是有细腻感，立体感强到什么样的程度，所雕的作品是否具有"形神兼备"的气质，最后还要看看紫檀家具打磨的光洁度是怎样的。

目前，人们总有这样一种误解，觉得只要是紫檀木，在不远的将来一定会升值。而事实上，一件粗制滥造的家具，不管用的是多么好的材质，除了木头的价钱就丝毫没有附加的升值空间了。业内人士称，如果选择在风格方面能够同时吸收各个流派的优点，且积极地将当代的审美元素融入其中，用工实在，做工精良的紫檀家具，这才属聪明、明智的紫檀家具收藏投资者。

紫檀家具的保养要点

✜ 紫檀家具的基本养护

"紫檀"象征着财富。紫檀家具的无比珍贵，直接决定了收藏家应该十分精心地去呵护它。也正应了人们常说的那一句——"紫檀养人，人养紫檀"。所有养护红木的方法均是相通的，只不过是收藏家们应该对紫檀更加精心才是。

紫檀是密度很高的硬木，一般不会遇到虫蛀的情况，不过，紫外线对其外观还是有影响的。人们曾在太阳下、臭氧浓度高的环境中以及阴暗环境下做过紫檀外观变化的试验。在太阳直射下，紫檀色彩会发黄，而阴的一面依旧是紫红黑色。因此，若非刻意追求，不要将紫檀器具放置在太阳下曝晒。

对于紫檀家具的保养，首先就是要防止阳光曝晒或阳光直射，以防出现开裂的现象。所以千万不要将紫檀家具放在风口之下或放置在窗台下，也不能将紫檀家具摆放在暖气管的任何一侧，也不能让空调直吹紫檀家具。如果是北方人购置紫檀家具，因为北方的天气较为干燥，所以应该用加湿器将房间喷湿，从而有效地调节室内的温度和湿度。

另外，紫檀家具的神采在于常拭常亮，常用常新。应该三五天就要用细布、绸缎或绒布干擦一下紫檀家具，千万不要蘸水擦拭，也不可以使用化学光亮剂和煤油、汽油等。如果条件允许，应该每隔半年，蘸少量的核桃油为紫檀家具擦拭一下或者为其打一次蜡。这样一来，既能起到美观的作用，还可以有效地保护紫檀家具高贵的木质。若紫檀制品是梳妆台、写字台和几案等带台面的，最好的方法是在上面放一块玻璃板。

紫檀镶云石插屏　清代

长44.5厘米　厚22.5厘米　高59.4厘米

此紫檀插屏选料上乘，做工考究，包浆温润，屏心选用红褐色云石，浮雕苍松流云，亭台楼阁，古人怡然自乐之景。两侧站牙镂雕卷草纹，挡板及拔水牙子皆呈镂空卷草纹状。

❀ 为何要对紫檀进行保养

　　从保养木头的必要性而言，我们需要对紫檀进行正确的保养。谈及紫檀的保养，还得先从紫檀木质的特征谈起，紫檀的新切面颜色是橘黄色的，经过短时间（大概是一周时间）的氧化以后，在颜色方面就产生了变化。从橘黄色变化到橘红色，再变化到深红色和深紫色。有不少人说，紫檀在后期颜色会变成黑色，其实那是视觉方面出了问

紫檀香几（一对）　清代
长42.5厘米　宽42.5厘米　高90.5厘米
香几一对，通体紫檀，几面攒框镶板，冰盘下浮雕花瓣纹饰，高束腰浮雕拐子纹，托腮与几面相呼应同饰花瓣纹饰。牙条浮雕拐子纹，腿部有拐子纹云翅装饰，展腿卷叶足。有托泥龟脚。香几整体大方，用料厚重，十分珍贵。

题。若光线充足的话，就会看到其实颜色为紫色。在任何一家博物馆，我们所看到的哪怕年代再久远的紫檀，也不会变成黑色，到了最后，紫檀的颜色为紫色。正因为如此，自古到今，人们都称其为"紫檀"。可是，我们为何会觉得它的颜色变黑了呢？第一，是因为光线不足才使视觉出现误差。第二，可能是因为玩得有点"脏"，玩家根本就不懂得保养的重要性和结果。像有一部分人喜欢每天用手搓，甚至拿紫檀去蹭自己的脸分泌出来的油脂，需要提醒大家的是，其实那蹭在珠子上的不只是脸上分泌出来的油，还有水分（也就是汗）、泥和细菌。这样一来，等几周时间过后，珠子看起来就又黑又亮，在其表面似乎被糊了一层厚的脏东西。对此，有不少人会在这个时候错认为自己盘玩的珠子已出现了"包浆"现象。其实，这是对"包浆"现象产生的一种误解。事实上，这种"包浆"是因为紫檀保养方法欠妥当才有的一种表现形式。这样的"包浆"存在只会对紫檀的美观造成大的影响，使紫檀发乌，一副暗淡无光的样子。除此之外，若紫檀保养方法不得当，就常出现"开裂"现象，对此，有不少人患上了"恐裂症"。

那么，究竟什么才是真正意义上的"包浆"呢？"包浆"是紫檀表面呈一层玻璃体的光面，既有荧光又显得清澈。正如人们常说的，在有的时候，紫檀甚至都能够当镜子来照，而并非一层老油泥。

怎样才可以让紫檀珠子达到好的视觉效果呢？答案就是，尽量少上手，应该多用细腻而又干净的棉布轻揉。这样就能够使珠子变得有光泽，又很干净。至于"包浆"现象的产生，那需要一个非常缓慢的过程。

❀ 紫檀家具保养的注意事项

在硬木家具的"队伍"中，有紫檀、红木、黄花梨、花梨和鸡翅木等，紫檀家具若使用得当，保护合理，从理论的角度而言，是能够一代代传下去，长期使用的。但是，在保养紫檀家具时，需要注意一些事项，具体介绍如下。

由于硬木中含有水分，紫檀家具在空气湿度太低的时候会产生收缩的现象，而在空气湿度太高的时候会出现膨胀的现象。在摆放紫檀家具的时候必须注意，不要将其放在过于干燥或过于潮湿的地方。例如，暖气管旁边，或火炉旁边等，或是入潮湿的地下室等，以免紫檀家具表面出现霉变或干裂等现象。

若是平房具有较低地势的屋子里，地面也很潮湿，就应该把紫檀家具的腿适当垫高，如若不然，紫檀家具的腿部就很容易受到潮气的腐蚀。

移动或搬运紫檀家具的时候必须轻拿轻放才行，绝对不可以生拉硬拽，以免将紫檀家具的榫卯结构损坏掉。桌椅类的紫檀家具是不可以抬面的，那样是很容易脱落的，应从桌子的两边和椅子面下抬。柜子最好先将柜门卸下来再去抬，这样就能够有效地减轻家具的重量，同时还可以有效地避免柜门活动。如果不得不移动非常重的家具，可以采用软绳索套入家具底盘下提起来以后再进行相应的移动。

紫檀家具的表面应该避免长时间放太重的东西，尤其是鱼缸、电视等，那样会使紫檀家具变形。另外，桌面上也不适合铺塑料布等非透气材料。

如果房间的地板不平，那么长时间以后，就会致使紫檀家具产生

紫檀嵌冰梅纹炕桌　清乾隆
长96厘米　宽42厘米　高42厘米

变形，而有效的避免办法则为使用小木头片给予垫平。

不可以将紫檀家具放于方向朝南的大玻璃窗前面，这是因为阳光若长时间地直射紫檀家具，就会使紫檀家具出现褪色的现象，也会使其变得干裂。

不可以将热水杯等物品直接放在紫檀家具的表面，那样会留下很难除掉的痕迹。像一些有颜色的液体如墨水等一定不可以洒在紫檀桌面之上。

千万不可以用潮湿的抹布或粗糙的抹布对紫檀家具进行揩擦，尤其是老的紫檀家具。应该先用柔软而干净的纯棉布擦拭，待一段时间以后，再加少量的核桃油或家具蜡，顺着木纹的方向来回地轻擦。

紫檀家具的表面必须避免摩擦硬的物品，以防止对紫檀家具的漆面和木头表面纹理造成损伤。例如，在放置铜器和瓷器等装饰物品的时候，应该十分谨慎，尽量垫一块柔软的布。

※ 紫檀的开裂现象是否正常

　　木性因为是不容易控制的，所以就会常见变形、腐朽和开裂的现象，也正是由于木头的这些缺点，明代木质家具和清代木质家具流传到今天的可谓凤毛麟角。紫檀木质细腻，木性小，天然防腐，一般很难出现开裂或变形的情况。但是，这是相对于大部分别的木质而言的，实际上，紫檀的"开裂"这一问题从明代起就已经令工匠们很纠结了，

紫檀嵌玉亭台人物座屏　清代
长42厘米　宽19厘米　高57.5厘米

一直到现在依然是这样的。由于紫檀的木质结构很密，其中的水分根本不容易流失，采取烘干的方法也不容易使其木性获得理想的稳定效果，若选择自然风干的形式一直至木性全无，以我们人类的正常寿命来讲，等待着新砍伐的紫檀放至紫檀所喜欢的理想状态再去使用的话，显然是等不起的。开裂属正常的现象，人为很难去控制，相信有不少的商家均遇到过客户来退换开裂珠子的情况。通常来讲，紫檀珠子的开裂都是很细微的，不仔细看根本发现不了，而且大部分如此细小的裂纹在后期均会愈合。

紫檀开裂是一件常见的事，因此，当购买的紫檀物件中有部分出现开裂现象时，千万不要过于紧张慌乱。将紫檀物件放置一段时间后，有一些小裂纹会渐渐复原。

除此之外，将木头出现开裂现象的三个因素补充如下，供大家参考。

木质比较新。若紫檀是速成林的，木头会由于速成和自身的密度比较小，在遇到温度和湿度变化大时，就非常容易出现"开裂"现象。

温度差异较大和湿度差异较大。譬如，由连绵阴雨的江南地区到沙漠干旱地区，因为木头本身所处的环境不相同，在温度方面和湿度方面均会出现比较大的变化，也非常容易产生开裂的现象。尤其是在每年屋子里供暖开始时，紫檀也非常容易开裂。

若是戴在手腕上的手串，不免都会见水。例如，在洗手间等地方会经常使水沾在上面，久而久之，手串就非常容易开裂。

❊ 正确盘玩紫檀的三大要点

在平时，我们该怎样正确地盘玩紫檀，才可以让紫檀达到很好的"包浆"或形成玻璃体光面的效果呢？

第一点，必须得用干净的布盘，细腻的软棉布是最好的，而非常粗糙的布质是绝对不可以用的，并且棉布上千万不可沾上油脂或带有化学成分的东西，例如酒精、洗涤液等。如若不然，紫檀珠子的颜色会显得十分不自然。那么，为何一定要用细腻的布去擦拭呢？其中大有文章，大家知道，是木头就会有棕眼存在，因为棕眼是供给水分的必需通道，这些通道就像我们人类的血管一样。紫檀一向是以木质细腻而著称的，尤其在有了新紫檀和老紫檀的说法后，大家了解到老紫檀的细腻度是更高的，其主要的特征是棕眼小，那么具有小棕眼的紫檀珠子就慢慢地得到了广大群体的青睐。事实上，棕眼是紫檀的特征之一，只不过是生长环境的不同和生长年限的长短造就了紫檀不一样的"皮肤表面"。那么，老紫檀就一定棕眼小，而新紫檀就一定棕眼大吗？对于这个问题，业内人士称，不见得。这是由于现如今，紫檀商家为满足广大木友追求小棕眼的那种热忱，已有不少的方法来对紫檀的"表面皮肤"进行改善了。现在，最先进的机器，是那种把紫檀珠子先放置在一个合金磨盘当中，再加水使劲地进行压磨，在水浆被磨出后就被充分地填充到了棕眼当中，这样紫檀珠子的表面就会看起来细腻又光滑。然而，若经过长期大力的盘玩，填在棕眼里的那些物质就慢慢地滑落出来，那么后果不想也会知道了。所以说，大家想要尽可能地将紫檀珠子保养出一个好品相，就绝对不可以拿搓澡巾等类的东西来盘珠子。

第二点，在对紫檀手串进行盘玩的时候，所用的力度一定要轻柔。在实际的盘玩操作中，也不乏这样的例子，用搓澡巾用力、猛劲地盘玩紫檀珠子，最后竟然都盘断了紫檀珠子上的绳子，甚至连手都被磨破了皮，那个珠子最后变成什么样子也是可想而知的。那么，正确的操作方法是怎样的呢？应非常轻柔，一粒粒地去揉搓，这样一来，时间久了，就会看到紫檀珠子发生了变化，其表面也会更加光滑细腻。

第三点，在盘玩紫檀期间，尽可能不要用自己的汗手去触碰紫檀。可以先戴上手套，再拿着紫檀珠子，然后用棉布盘，一段时间过后，紫檀珠子明显会有变化。业内人士也称，在盘玩紫檀时，一定要有耐心，用心才行。而千万不要用自己的手去搓，或用自己脸上的油来盘玩，那样一来，紫檀珠子的色泽和光泽将全都受到一定的影响。

▧ 小叶紫檀手珠的盘玩和保养

在如今市场上，用小叶紫檀制作而成的手珠日益受到广大人群的欢迎。然而，对于怎样盘玩和保养小叶紫檀手珠，不少人根本就不清楚。在此，需要提醒大家的是，刚刚买到手的小叶紫檀手珠千万不要急着佩戴，必须先盘玩和保养，然后才能佩戴。以下是小叶紫檀手珠的盘玩和保养的具体步骤：

首先，应该用纯棉的布将小叶紫檀手珠揉搓一周的时间，这样做的目的是对珠子进行再抛光处理。这个时候，棉布的表面就会出现红色的痕迹，千万不要因此慌乱，因为这是一种正常的现象，颜色在一周后自然就会变浅。

自然放置一周的时间，让小叶紫檀珠子自然性地干燥。与此同时，小叶紫檀珠子的表面会均匀地与空气产生接触，从而使均匀又细密的氧化保护层得以形成。

其次，开始手盘。在这个时候，我们的手一定要刚刚洗过且还得干透才行，如果你的手上有汗或还湿着，千万不可以直接盘小叶紫檀珠子，最好的方法是戴纱布手套去盘。干手和微汗的手是可以直接去盘的，但是一定要特别注意小叶紫檀珠子的孔口周围必须要盘到才行，在一天时间里，可以盘大概半个小时。一到两个星期后，你自然就能够感受到盘珠子时的"啪嗒啪嗒"的粗糙感。应该说，这个时候的小叶紫檀珠子已形成了薄薄一层"包浆"。

再次，放置小叶紫檀珠子一段时间，让珠子在自然的环境下干燥，这样一来，也会让"包浆"消受一段时间的硬化，通常情况下，时间约是一个星期。

大概经过一个季度后，你就会看到小叶紫檀珠子透出有灵气的光泽，盘得好的珠子在有的时候会呈现出反光，较为强烈，而有些反光则如同玻璃光泽一般。

夏天是新入手的珠子掉色问题好发的季节，所以说，一些容易出汗的人在夏季长时间佩戴木珠是不适合的。可以在佩戴两日后，再将其静置于阴凉之处阴干两日。

需要特别谨慎的是，小叶紫檀珠子在任何时候都不要去接触比较多的水分。若小叶紫檀珠子不干净了，可以用稍微湿润一点的棉布对其进行几遍擦拭，然后放置一段时间以后，再进行盘玩。在盘小叶紫檀珠子的时候，要尽量盘到小叶紫檀珠子的一切区域，尤其是孔口的位置应特别注意。

❈ 大叶紫檀手串、手链的保养

大叶紫檀是居于比较上等位置的一种材质，现在有不少的佛珠均以其作为制作材质。大叶檀（非洲是其原产地）的木质十分坚硬，大叶紫檀在纹理和特性方面，都非常近似于小叶紫檀。

我们在对大叶紫檀进行了一番了解之后，接下来，再来对大叶紫檀手串、手链要如何保养的问题进行了解。由于大叶紫檀的木材中含有水分，在空气湿度过低的情况下，会产生收缩的现象；而在空气湿度过高的情况下，会产生膨胀的现象。因此，千万不可以将大叶紫檀手串、手链放在太过干燥或太过潮湿处。

由于大叶紫檀木是具有高密度的硬木木材，基本上是不会遇到虫蛀情况的，但是紫外线会对大叶紫檀的外观造成一定的影响。在太阳直射的情况下，大叶紫檀手串、手链在色彩方面会变黄，而阴的一面在颜色方面仍呈现出紫红黑的颜色。因此，不可以将大叶紫檀制品、手串、手链等放在太阳下进行曝晒或将其放在方向朝南的大玻璃窗前面。

除此之外，大叶紫檀手串、手链的表面不要和硬东西相摩擦，以免对大叶紫檀手串、手链的表面纹理造成损伤。并且，千万不可以使用粗糙的抹布或湿抹布对大叶紫檀手串、手链进行揩擦。

✵ 小叶紫檀家具的保养

　　小叶紫檀虽然不怕水泡，木质比较好，然而其本身含一定的油脂，因此通常不对小叶紫檀进行上蜡、上油等保养；由于小叶紫檀比较容易溶于酒精，所以通常要将其远离酒精才对；在对小叶紫檀家具进行清洗时，最好让其先自然干燥。总而言之，小叶紫檀的清洗擦拭工作简简单单即可，无须刻意去添加太多的东西，否则，保养效果反而会很不好。

紫檀枕式盖箱　清中期
长29.8厘米　宽14厘米　高13厘米

❋ 大叶紫檀家具的保养

大叶紫檀纹理较粗，属蔷薇木，颜色呈紫褐色，有着较宽的褐纹和粗且直的脉管纹。经人工打磨之后，会出现明显的脉管纹棕眼。以大叶紫檀制作而成的大叶紫檀家具，在经过人工打蜡和磨光以后根本无须漆油，其表面就会显现出如同缎子一般的光泽。

对于用大叶紫檀制作而成的家具而言，我们应该这样保养：

大叶紫檀家具在使用最开始的两年到三年时间里，最好在季节交替的时候对其进行一次全面而又充分的打蜡保养。因为在使用大叶紫檀家具期间，它们会不断地出现从内向外的"反油"现象，这有非常好的自我保养作用。当过了几年有了包浆以后，就无须再对其打蜡保养了。

在擦拭期间，最好使用粗布擦拭大叶紫檀家具，时间一长，大叶紫檀家具的表面就会更加有光洁度和亮泽。由于在大叶紫檀家具中，镂空和雕刻工艺的地方不少，有的地方用布十分不容易处理，此时就可以用鞋刷刷干净，且鞋刷的棕毛越硬，擦拭的效果就会越好。

在雨季来临的时候，应该注意开窗通风，而在装有空调的屋子里，室内的温度必须保持在 15℃ ~ 25℃ 之间，或在大叶紫檀家具的旁边放上适量的鱼缸和盆景，这样就能够有效地调节空气的相对湿度。由于在空气湿度过低的情况下，大叶紫檀家具会出现收缩的现象，而在空气湿度过高的情况下会出现膨胀的现象。所以在摆放的时候必须谨慎，千万不要将大叶紫檀家具放在过于潮湿或过于干燥之处，比如，暖气、火炉旁等高温高热的地方，当然过于潮湿的地下室等地方也是不可以的，因为那样会使大叶紫檀家具产生霉变及干裂等现象。另外，在大

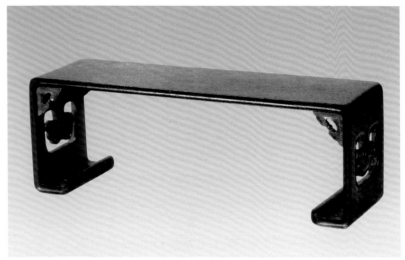

紫檀如意头卷书案　清代
长34厘米　宽21厘米　高19厘米

叶紫檀家具的桌面，不适合铺塑料布之类的非透气材料。

　　过凉或过热的物品或器皿（例如水杯）若放在大叶紫檀家具的表面上后，就会有"白痕"现象发生，会对其美观性造成很大的影响。该种现象仅仅是大叶紫檀家具表面蜡的自然反应，当然对其木体本身而言并无大碍，所以处理起来也十分简单，只要用1000目的水砂纸对其表面打磨，再上蜡，然后再用布进行擦拭就没问题了。

　　千万不要将大叶紫檀家具放在阳光能直接照射到的地方，那样时间久了，大叶紫檀家具的表面，就会因受到紫外线的影响而导致褪色现象的发生。

　　千万不要在大叶紫檀家具的表面，使用有机溶剂比如丙酮和汽油等，以免和家具表面的蜡产生化学作用，从而对家具造成伤害。

　　大叶紫檀家具在需要搬动的时候，必须小心轻放，而在使用期间，必须避免使用利器或硬物撞击到大叶紫檀家具。如果其表面有了油和尘埃，那么可以先选用掸帚，再选用清洁的软棉布将油和尘埃擦拭干净。

▨ 大果紫檀家具的保养

我们先来了解一下大果紫檀。它的主要产地是缅甸、老挝和泰国；在散孔材和半环孔材两方面具有明显的倾向；有很明显的生长轮；大果紫檀的心材颜色呈橘红色、砖红色或紫红色，通常有深色的条纹；有明显的可见性划痕；木屑水浸出液的颜色呈浅浅的黄褐色，荧光无或弱；管孔在生长轮内部的个头比较大（然而占生长轮的比例与其他种类相比要小），肉眼可见；数量很少到略微少，往往含有呈现黄色的沉积物；木纤维壁厚，且木射线在放大镜的观察下是可以看到的；波痕在放大镜的观察下稍微明显或明显；射线组织呈现同形单列的状态；纹理交错；结构细；有着浓郁的香气。

那么，对于以大果紫檀制作而成的家具，该如何保养呢？众所周知，紫檀木的保养非常讲究，由于凡是紫檀木材，其中都含有水分，空气湿度过高时会膨胀，空气湿度过低时会收缩。而大果紫檀家具也是如此，所以这种家具应绝对避免放在过于潮湿或过于干燥之处。除此之外，因为紫檀为具有高密度的硬木木材，虫蛀现象几乎不会有，但紫外线会影响到紫檀木的外观。如果经太阳直射，在色彩方面就会发黄，所以大果紫檀家具也不应放在方向朝南的大玻璃前面或放在太阳下进行曝晒，以防止紫外线的损害。

❊ 刺猬紫檀家具的保养

　　刺猬紫檀的主要产地是热带非洲的几内亚比绍、几内亚、马里、冈比亚、塞内加尔和毛里塔尼亚等一些国家；外皮的颜色呈灰褐色，大概有 0.3 厘米厚，木质发脆，小块状脱落，由于老化而很容易被手捻碎；内皮的颜色为紫褐色，是分层环绕着的，有着比较丰富的石细胞，呈现扁状和基本环排列的状态；胸径皮厚度在 1 厘米～ 1.5 厘米，纤维质，湿皮撕之大条状剥离，在其皮干以后可以自动地与材表相脱离；皮底光滑，干皮底的颜色呈现褐色，边缘的地方较多地在颜色方面变化为黑色，韧皮少，往往在材表上残留着；差不多每一根刺猬紫檀木材皮底都有小虫沟。小虫沟构筑而成的图案非常漂亮，有的像蝴蝶，有的像大菊花。根部树皮比较厚，厚度在 1.5 厘米～ 2 厘米，肉眼可见其材表光滑，但手摸凹凸不平的地方则是小槽棱。可以说，在刺猬紫檀身上常常见到的鼓钉刺，是其明显特征之一。这种呈"金"字形的鼓钉从心材穿透边材猛地冒出来，在径切面十分鲜明，和心材的颜色是相同的。鼓钉部位在板材径切面的二分之一处（界线是"髓心"）有一道横影，立体感很强，十分漂亮，难得一见。应该说，刺猬紫檀就是因为其材表鼓钉刺比较多才有了这样的名字。

　　那么，对于用刺猬紫檀制作而成的家具，应该怎样保养呢？

　　在排除了刺猬紫檀家具本身的质量问题后，要想使其长时间地保住"新颜"，能够长时间地使用，平日生活里的清洁工作和保养工作自然不可或缺。

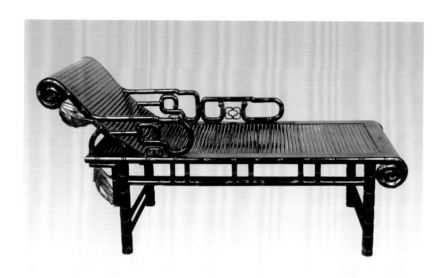

紫檀仿竹美人榻　清代
长170厘米　宽65.5厘米　高82.5厘米

　　在清洁刺猬紫檀家具的时候，可以用微潮的抹布轻轻擦拭。也许会有不少人担心刺猬紫檀家具会受潮，所以就喜欢用干的抹布对刺猬紫檀家具进行擦拭。事实上，这种做法很容易使干抹布中的灰尘颗粒对刺猬紫檀家具的漆面造成划伤。所以说，最好用微潮的抹布去轻轻擦拭，这样一来，非但不会让刺猬紫檀家具受潮，还会让其收到补水的效果。与此同时，在清洁刺猬紫檀家具表面的时候，千万别用酒精之类的化学试剂，因为它们会对刺猬紫檀家具的漆面造成损伤。

　　在购买刺猬紫檀家具的时候，是否需要定期打蜡或上油这一点，应该向家具厂商问清楚所购买的家具是不是有上油或打蜡的必要性。刺猬紫檀家具在使用了一段时间后，最好是每隔一个月的时间进行一次保养。

　　若需要打蜡，则最好购买那些高浓度的固态蜡，在对刺猬紫檀家具进行保养的同时，这些固体蜡还能够有效地填平刺猬紫檀家具上的小缺陷。除此之外，也可以选择喷雾蜡。但是需要强调的一点是，固体蜡和喷雾蜡是不能一起使用的，一起使用会使刺猬紫檀家具的表面不再有光亮的感觉。

紫檀月洞门架子床

专家答疑

ZHUANJIA DAYI

▨ 紫檀木的生长条件和分布特点是什么样的？

紫檀被世人誉为"木中之王"。它之所以珍贵，是因为资源奇缺、生长周期长，需要数百年甚至上千年的时间才能成材，且素有"节屈不直""十檀九空"和"粗不盈握"的说法。紫檀木料的直径最大可达40厘米。但一般多为20厘米左右，直径超过20厘米且不空的完整料已是极为少见。

紫檀是最名贵的木材之一，主要产自南洋群岛的热带地区，数量稀少，见者不多，故为世人所珍重。根据史料记载可知，紫檀木主要产自南洋群岛的热带地区，其次产于东南亚地区。我国广西、广东也产紫檀木，但数量极少。

紫檀主要生长在属于热带雨林气候的马来半岛及菲律宾，故可推测，紫檀必须在高湿高温的环境中生长，光照要充足，土壤要求有大量的腐殖土。

紫檀分布地区：印度、老挝、柬埔寨、越南、泰国、缅甸、新加坡、印度尼西亚、菲律宾、马来西亚、东帝汶、文莱以及中国的广东、广西和云南等地。

❋ 紫檀家具的行情走势如何？

随着岁月的流逝，许多绝巧精美的传统工艺品都已不复存在了，紫檀家具的存世量也越来越少。目前，紫檀家具更为稀有。在国际各类艺术品的拍卖会上，一些厚重凝华、做工精巧的紫檀家具的成交价格一路飙升，少则几万元，多则上百万元。

紫檀六方桌　　清

2014 年 3 月 18 日，纽约苏富比有限公司举办的 2014 年 3 月拍卖会"中国瓷器及工艺品专场"，清 18/19 世纪紫檀月牙桌（一对），估价人民币 122.7 万～ 184.05 万元，最终以人民币 444.7875 万元成交。

2014 年 3 月 20 日，佳士得纽约有限公司举办的 2014 年 3 月拍卖会"重要中国瓷器及工艺精品专场"，明末／清 18 世纪紫檀直棂式圈椅（一对），估价人民币 460.125 万～ 521.475 万元，最终以人民币 665.6475 万元成交。

2014 年 3 月 20 日，佳士得纽约有限公司举办的 2014 年 3 月拍卖会"重要中国瓷器及工艺精品专场"，清 19 世纪紫檀雕云蝠纹条桌，估价人民币 7.9 万～ 11.85 万元，最终以人民币 209.2035 万元成交。

2014 年 4 月 7 日，保利香港拍卖有限公司举办的 2014 年春季拍卖会"中国古董珍玩专场"，清乾隆御制紫檀雕描金八吉祥纹无量寿佛五连佛龛，估价人民币 150.1 万～ 197.5 万元，最终以人民币 327.06 万元成交。

2014 年 5 月 14 日，伦敦苏富比有限公司举办的 2014 年 5 月拍卖会"重要中国瓷器工艺品专场"，清 18 世纪末紫檀夔龙花卉卷草纹香几，估价人民币 60.9282 万～ 81.2376 万元，最终以人民币 306.3032 万元成交。

2014 年 6 月 4 日，北京保利国际拍卖有限公司举办的 2014 年春季拍卖会"山中商会宝藏乾隆御题天青釉笠式碗，宫廷艺术与重要瓷器、玉器、工艺品专场"，清乾隆御制紫檀高浮雕西番莲方桌，估价人民币 450 万～ 650 万元，最终以人民币 598 万元成交。

❋ 小叶紫檀该怎样投资？

小叶紫檀是紫檀之精品，那么小叶紫檀该如何投资呢？

由于整块的实心小叶紫檀木材十分罕见，所以在价格方面也居高不下。在中国嘉德 2012 年春拍"翦淞阁文房宝玩"的一次专场上，"明周制鱼龙海兽紫檀笔筒"最终的成交价为 5520 万元，毫无疑问，这将木质笔筒的拍卖成交纪录刷新了。还值得一提的是，"清早期紫檀三屏风攒接围子罗汉床"最终也以高价（5070 万元）易主。

不可否认的是，紫檀这种具有悠久的历史文化，而且曾经作为明代高档家具和清代高档家具的主要用材的木材自然就升级为了收藏家们的投资第一选择。除了有一些人由于喜爱紫檀而购买以外，大多数人则是以此来实现投资的愿望，并且投资量日益增大，同时这也导致紫檀的价格开始突飞猛涨，甚至创下历史上的新高。

紫檀三层提盒　清乾隆
长21.5厘米　宽12.3厘米　高16.5厘米

❀ 紫檀究竟是软木还是硬木？

家具材质分两类，一类称之为"软木"，另一类称之为"硬木"。其中，软木包括柏木、核桃木、楠木和榉木等；而硬木则有鸡翅木、铁力木、紫檀、黄花梨、红木和乌木等。

紫檀的外形雍容沉穆，颜色十分沉静，让人从视觉上感觉愉悦。紫檀本身闪着一种金属的光泽，纹理如绸缎。紫檀无太大的料，正所谓"十檀九空"。因为紫檀在"成材"后内心是空的，并且还会出现腐朽的现象，因此不易出材料，所以更显得紫檀十分名贵。紫檀应力小，俗称性小，几乎不会出现变形的现象，可以说，紫檀的变形率十分低。紫檀的纤维非常细，很容易在上面进行雕刻，正反映了它的一种特征——"横向走刀不阻"。应该说，紫檀的竖向角度和横向角度感相同，所以尤其适合雕刻的柔韧性。当雕刻打磨后会让人产生一种模压感，如同冲压出来的花纹一般。当我们看到紫檀的优良雕刻的时候，会认为它不像是经人工雕刻出来的，似乎是在机器的高压之下被压制出来的一样，这种感觉是别的木材无法企及的。因为紫檀的这一特征，才使其可以稳稳当当地坐住中国古典家具材质的头把"交椅"。

✿ 投资紫檀小件是否也会有价值？

　　业内人士称，有时投资紫檀小件，也许花费数百元，就会产生价值。因为，随着紫檀价格的节节攀升，一般情况下，常以大柜、大床形式出现的紫檀家具人们已买不起，也玩不起了。而像紫檀小物件例如紫檀珠串、笔筒等，尽管外表不起眼，但是它们的价格较低。在2005年到2010年，紫檀价格涨得非常快，可以说几倍几倍地往上蹿升，而在近两年里，其价格已大致呈现出平稳的状态，是投资比较不错的时机。有些小件的紫檀工艺品，比如，紫檀笔筒、紫檀如意、紫檀手串和紫檀佛珠，在价格方面从几百元到几千元不等，雕工精致，造型优美，在灯光的照射下会显现一种令人感到神秘的光泽。有的卖家还用紫檀的木屑做成小枕头，外面包裹红色的绸缎。紫檀本身就是一味重要的中药，用紫檀木屑做成的枕头可抗氧化，美容，治疗偏头疼、失眠等。

紫檀边框瘿木心板独门药箱　清代
长36厘米　宽25厘米　高33厘米

❊ 紫檀家具需要常常把玩吗？

　　有的人过度珍惜古物，不舍得使用紫檀家具，只作为摆设看，却发现其光泽愈减。紫檀的神采来自于常用常新，"时时常拂拭，莫使惹尘埃"才是对的。紫檀经常被人触摸的地方会光亮异常。博物馆陈设的多年没使用的紫檀家具，色泽就会渐显灰暗。因此，"古玩"这个词还是非常有意思的。紫檀需要的正是常常把玩，和玉一样，常在手中玩赏的玉会有异样的光彩出现，越显可爱。触摸之余，用细布（丝绸、羊绒类织物）擦拭，能让紫檀越来越明亮，在表面形成透明介质，可见光影浮动。

紫檀炕几　清代
长68.5厘米　宽46.8厘米　高27厘米

小叶紫檀手链的保养要点是什么?

第一点，我们需要注意的是，在加工期间以及我们在平时佩戴小叶紫檀手链时，千万不可以上蜡和上油。这是由于小叶紫檀木原本就是油性的，所以，仅仅需要小叶紫檀自身产生的油就足够了，对于这一点要切记，千万不要急于上手。

第二点，在通常的情况下，我们都是先用柔软的布对小叶紫檀手链进行擦拭，但要慢慢地如同搓澡一般，人们一般称其为“盘手链”，往往都是一直连续盘，直到盘到小叶紫檀手链产生琥珀感就可以了。

有了以上所述的这两大要点，我们就不要过多地去担心小叶紫檀手链会在短时间里遭到损坏了。在保养过程中，需要大家记住的是，最好在一个月的时间里不要让小叶紫檀手链碰触到水。并且，还需要强调的是，在小叶紫檀木手链的保养过程中，如果我们看到它们随着岁月的流逝，变得已经不再亮丽和漂亮了，也不可用油或蜡。往往会有一些人不加注意，在这一点上犯下操作方面的错误。还需要注意的是，因为小叶紫檀易溶于酒精，所以应当让它们远离这种类型的东西，以免给小叶紫檀手链带来损伤。

"从新手到行家"
系列丛书

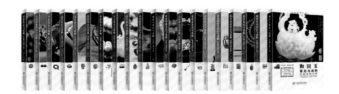

《和田玉鉴定与选购
从新手到行家》

定价：49.00 元

《南红玛瑙鉴定与选购
从新手到行家》

定价：49.00 元

《翡翠鉴定与选购
从新手到行家》

定价：49.00 元

《黄花梨家具鉴定与选购
从新手到行家》

定价：49.00 元

《奇石鉴定与选购
从新手到行家》

定价：49.00 元

《琥珀蜜蜡鉴定与选购
从新手到行家》

定价：49.00 元

《碧玺鉴定与选购
从新手到行家》

定价：49.00 元

《紫檀家具鉴定与选购
从新手到行家》

定价：49.00 元

《菩提鉴定与选购
从新手到行家》

定价：49.00 元

《文玩核桃鉴定与选购
从新手到行家》

定价：49.00 元

《绿松石鉴定与选购
从新手到行家》

定价：49.00 元

《白玉鉴定与选购
从新手到行家》

定价：49.00 元

《珍珠鉴定与选购
从新手到行家》

定价：49.00 元

《欧泊鉴定与选购
从新手到行家》

定价：49.00 元

《红木家具鉴定与选购
从新手到行家》

定价：49.00 元

《宝石鉴定与选购
从新手到行家》

定价：49.00 元

《手串鉴定与选购
从新手到行家》

定价：49.00 元

《蓝珀鉴定与选购
从新手到行家》

定价：49.00 元

《沉香鉴定与选购
从新手到行家》

定价：49.00 元

《紫砂壶鉴定与选购
从新手到行家》

定价：49.00 元

图书在版编目（CIP）数据

紫檀家具鉴定与选购从新手到行家／关毅著.
—北京：文化发展出版社，2017.5
ISBN 978-7-5142-1712-4

Ⅰ.①紫… Ⅱ.①关… Ⅲ.①紫檀－木家具－鉴定－中国
②紫檀－木家具－选购－中国 Ⅳ.① TS666.2 ② F768.5

中国版本图书馆 CIP 数据核字 (2017) 第 064747 号

紫檀家具鉴定与选购从新手到行家

著　者：关　毅
责任编辑：周　蕾
责任校对：岳智勇
责任印制：孙晶莹
责任设计：侯　铮
排版设计：金　萍

出版发行：文化发展出版社（北京市翠微路 2 号　邮编：100036）
网　　址：www.wenhuafazhan.com
经　　销：各地新华书店
印　　刷：天津市豪迈印务有限公司
开　　本：889mm×1194mm 1/32
字　　数：150 千字
印　　张：6.5
印　　次：2017 年 6 月第 1 版　2017 年 6 月第 1 次印刷
定　　价：49.00 元
ISBN：978-7-5142-1712-4

◆ 如发现任何质量问题请与我社发行部联系。发行部电话：010-88275710